ulmer

Wilhelm Bauer

Richtig gutes HÜHNER FUTTER

Selber sammeln, anbauen und mischen

INHALT

VORWORT

Die Fütterung von Geflügel läuft in der Kleinhaltung meist intuitiv ab. Man macht sich keine großen Gedanken, ob die Futterration das Optimum an Leistung ermöglicht. Es steht eindeutig die Freude am Geflügel im Vordergrund.

Dass unserem Geflügel aber das absolut beste Futter angeboten wird, das außerdem noch gesund und gesundheitsfördernd ist, das wollen wir alle. Dabei kann das durchaus eine Win-win-Situation sein. Will ich nämlich meine Tiere mit Superfood versorgen, komme ich um Eigeninitiative nicht herum. Bei jedem Spaziergang streifen nun Ihre Augen hin und her, ständig auf der Suche. Ein von Ihnen mitgeführter Leinenbeutel wird für Ihre Mitmenschen zum deutlichen Erkennungszeichen, dass Sie wieder auf der Suche sind. Und auch zu Hause geht es unter Umständen weiter, wenn es heißt, das Futter weiterzuverarbeiten.

Ihre Geflügelhaltung wird also viel intensiver und in den Lebensalltag eingebunden, als wenn Sie nur Futter aus dem Sack verwenden. Ihre Tiere werden Ihnen diesen Mehraufwand aber danken. Das neue Futter ist ein wahrer Leckerbissen und Ihr Geflügel rennt schon von weitem auf Sie zu. Allein der Gedanke, dass Sie etwas Besonderes mitbringen, lässt sie aus dem Häuschen geraten.

Dabei können Sie auch das Angenehme mit dem Nützlichen verbinden. Probieren Sie ruhig aus, was Ihren Tieren besonders gut schmeckt. Seien Sie dabei kreativ und probieren immer wieder Neues aus. Je vielfältiger Ihr Futterangebot ist, desto umfassender ist die Versorgung Ihrer Tiere. Ein stabiles Immunsystem und gesunde Tiere sind dabei Ihr schönster Dank für etwas mehr Aufwand.

Lassen Sie sich auf Superfood für Geflügel ein – Sie werden es nicht bereuen!

Einen besonderen Dank möchte ich an den Verlag Eugen Ulmer und meine Lektorinnen Antje Munk und Kathrin Gutmann richten. Sie kommen meinen Wünschen immer entgegen und ertragen meine langen Telefonate, wenn es wieder einmal um Geflügel geht.

Danke auch an meine Frau Yvonne und unsere Töchter Anna und Klara. Ihnen widme ich dieses Buch!

Superfood für Geflügel

SO WAR ES FRÜHER

In früheren Zeiten war der Begriff Superfood eigentlich unbekannt; heute ist er durch das Marketing im Lebensmittelbereich fast überstrapaziert. In der Geflügelfütterung muss man schon lange zurückgehen, um hier Vergleichbares zu finden.

Spätestens mit dem Aufkommen der industrialisierten Geflügelhaltung in der Zeit nach dem Zweiten Weltkrieg wurde so ziemlich alles über Bord geworfen, was früher in der bäuerlichen Haltungsform mehr oder weniger gang und gäbe war. Auf einmal war Fertigfutter das anscheinende Nonplusultra. Man war einfach froh, dass man nur noch in den Sack greifen musste. Viel hinterfragt wurde nicht: Woher stammen die einzelnen Futterkomponenten? Was ist überhaupt im Sack drin? Das alles war uninteressant.

Mit veränderten Lebensbedingungen, Wahrnehmungen und Ansprüchen der Menschen an die eigene Gesundheit machte man sich auf einmal auch wieder vermehrte Gedanken um die Haltungsbedingungen und damit auch die Fütterung beim Geflügel. In der Zwischenzeit war aber unendlich viel Wissen verloren gegangen und während es früher, vor dem Aufkommen der „Sackfütterung“, normal war, aus dem Bauch heraus richtig zu füttern, musste man sich nun erst alles wieder aneignen.

Geflügel ist vielfältig und so auch die Fütterungsgepflogenheiten. Den Anfang in der Rückbesinnung auf Futterkomponenten, denen eine gesundheitsfördernde Wirkung nachgesagt wird, haben die Brieftaubenzüchter gemacht. Sie sind bis heute diesbezüglich die Experimentierfreudigsten geblieben. Da wurde eine Entwicklung angestoßen, die noch lange nicht abgeschlossen ist und deshalb ständig voranschreitet. Spätestens mit dem Aufkommen der neuerlichen Begeisterung für Geflügel – Hühner im Besonderen – gilt es kein Halten mehr. Man besinnt sich auf Vergangenes und probiert Neues. Der Begriff „Superfood“ ist diesbezüglich in der Zwischenzeit in aller Munde, manchmal sogar schon abgedroschen – jetzt natürlich auch aufs Geflügel übertragen.

Wie aus einer vergangenen Zeit: ein bunter Geflügelhof.

WAS IST SUPERFOOD FÜR GEFLÜGEL?

Um dies zu beantworten, sollte man sich erst einmal anschauen, was sich überhaupt hinter dem Schlagwort verbirgt.

1 Mit Superfood gibt es kein Halten mehr.

2 Salat schmeckt trotz Wiese immer.

In den letzten Jahren wurde der Begriff Superfood hauptsächlich als Werbestrategie verwendet: Superfood soll aufgrund seiner Inhaltsstoffe eine heilende beziehungsweise gesundheitsfördernde Wirkung besitzen – ohne dass eine herausragende Wirkung allerdings eindeutig bewiesen wurde. In der Lebensmittelbranche werden zum Beispiel Chiasamen, Goji- und Acaibeeren als Superfood gerühmt, weil entsprechendes Marketing dafür sorgte, dass diese hierzulande zuvor eher unbekannten Lebensmittel zu etwas Besonderem erhoben wurden – und nun zu entsprechenden Preisen erhältlich sind.

1 Zitronenmelisse findet man heute fast in jedem Garten.

2 Basilikum ist auch fürs Geflügel top.

Doch geht man vom Wortsinn aus – super food – sind damit „tolle Nahrungsmittel" gemeint, die durch Vitamine, Mineralstoffe, Spurenelemente und weitere wichtige Inhaltsstoffe auf den Organismus von Mensch und auch vom Tier positiven Einfluss nehmen. Viele, gerade auch heimische Obst- und Gemüsesorten sowie Wild- und Gartenkräuter hätten es mehr als verdient als Superfood bezeichnet zu werden. Und bei vielen von ihnen ist eine positive Wirkung bei der Stärkung des Immunsystems und des gesamten Körpers nachgewiesen; zudem kann man auf zahlreiche Beobachtungen aus der Volksmedizin – und um auf das Thema Geflügel zurückzukommen – langjährige Erfahrungen von Geflügelhaltern zurückgreifen.

Superfood ist also weder Wundermittel noch nutzloses Versprechen. Wie so oft liegt irgendwo in der Mitte die schlussendliche Wahrheit: Superfood komplettiert eine gesunde Ernährung. Das in diesem Buch vorgestellte Superfood für Geflügel sorgt aufgrund seiner zahlreichen Inhaltsstoffe für eine optimale Ernährung der Tiere und damit für eine umfassende Stärkung von Immunsystem und Verdauungsprozessen. Das wiederum führt zu einem gesteigerten Wohlbefinden und einer erhöhten Abwehrkraft gegen Infektionen und sonstige „Angriffe" auf den Organismus des Geflügels. Das eine Superfood schlechthin kann es nicht geben. Es ist immer ein Zusammenspiel mehrerer Futterkomponenten – von Kräutern und Wildfrüchten, über Obst und Gemüse bis hin zu Nüssen und Ölen – und damit eine Kombination von Inhaltsstoffen, die das Geflügelfutter „super" machen. Eine Auswahl an Geflügel-Superfood, mit dem ich gute Erfahrungen gemacht habe und das leicht und günstig zu beschaffen sowie unkompliziert zu verarbeiten ist, finden Sie ab Seite 52.

Die Arten des Geflügels sind alle mehr oder weniger Allesfresser. Zumindest wenn sie die Chance dazu haben. Dennoch sind bestimmte Vorlieben deutlich festzustellen. So fressen Gänse bevorzugt Grünzeug, Hühner hingegen Körner, Enten wird eine besondere Vorliebe für tierische Kost nachgesagt und bei Tauben findet man im Kropf so ziemlich alles, was man sich nur vorstellen kann. Dennoch hat sich im Gedächtnis von uns allen irgendwie festgezurrt, dass Geflügel in der Regel reine Körnerfresser sind – das stimmt aber nicht. Dem aufgeschlossenen Geflügelhalter sollte dies immer wieder bewusst sein. Neue Wege zu gehen und seinem Geflügel einen möglichst reichhaltigen, vielfältigen Speiseplan anzubieten, sollte deshalb das Ziel sein.

Wenn es Leckerbissen gibt, werden die Gänse ganz zutraulich und stehen Schlange.

Für Geflügel wird heute unendlich viel im Fachhandel angeboten, das in irgendeiner Weise haltbar gemacht und industriell hergestellt wurde. Nun braucht man das Kind nicht gleich mit dem Bad auszuschütten und diese Entwicklung verdammen. Genauso wie sich aber in der Ernährung von uns Menschen ein gewisser Wandel vollzogen hat, so ist das auch in der Geflügelfütterung in vielen Fällen der Fall. Wir haben erkannt, dass das Gute auch hier sehr oft sehr nah liegt. Wir erkennen immer mehr, dass auch der Organismus unseres Geflügels höchst komplex und eine ausreichende Versorgung mit allen nötigen Stoffen deshalb unverzichtbar ist. Gerade in der reinen Liebhaberhaltung von Geflügel ist eine lange „Nutzungsdauer" (wenn man so sagen will) ein Grundprinzip. Es geht also nicht darum, innerhalb kürzester Zeit möglichst viele Eier oder Fleischmasse zu produzieren, sondern das Geflügel über einen langen Zeitraum bei bester Gesundheit zu halten. Machen wir uns nichts vor: Auch in der Haustierhaltung haben sich Wohlstandskrankheiten breitgemacht. Ein Zuviel an Eiweiß und Co. belasten auch den tierischen Organismus über Gebühr. Die These, dass die Gesundheit mehr oder weniger aus dem Darm kommt, gilt uneingeschränkt auch für unser Geflügel. Oder krasser formuliert „Aus dem Darm kommt der Tod". Ihm und seiner Darmflora muss deshalb die ganze Aufmerksamkeit gelten – und das geht einfacher als man denkt.

Der zweite wichtige Punkt in der Gesundheitsvorsorge beim Geflügel sind die sogenannten oberen Luftwege – ganz besonders natürlich bei den fliegenden Tauben. Aber auch bei allem anderen Geflügel muss man hier auf der Hut sein. Ist die Luftzufuhr für den Organismus behindert, sinkt die Gesundheit des Tieres in manchmal atemberaubender Schnelligkeit. Ätherische Öle können hier viel zum Guten beitragen.

Die Verbindungen zwischen Mensch und Tier sieht man sehr deutlich: Viele Dinge, die wir als Menschen zu uns nehmen, um unser Wohlbefinden zu steigern und die Gesundheit zu fördern, sind auch fürs Geflügel geeignet. Vor allem im Bereich der Kräuter kann vieles eins zu eins übernommen werden.

Wer sich für Superfood entscheidet, will mit Sicherheit nicht nur den Speiseplan seiner Tiere erweitern. Die Stärkung des Immunsystems und damit eine intensive Gesundheitsvorsorge sind die wohl angenehmsten Begleiterscheinungen. Wobei der Begriff „Begleiterscheinung" die Sache kaum passend umschreibt. Schließlich wissen wir alle, wie vielfältig und vielschichtig Inhaltsstoffe auf den Organismus wirken. Auffallend ist aber, dass die gewünschte Wirkung meist erst nach längeren Anwendungen eintritt. Für den Geflügelliebhaber bedeutet das, in der täglichen Fütterung so oft wie möglich auf Superfood zurückzugreifen. Eine wertvolle Hilfe kann dabei ein Futterplan sein, den man je nach persönlicher Neigung zusammenstellen kann. Schreiben Sie sich auf einen Wochenplan, was Ihre Tiere an jedem einzelnen Tag bekommen sollen. So kann man entspannt planen, darüber hinaus kann manches Superfood schon am Vortag vor- oder zubereitet werden.

FUTTERPLAN

MO	DI	MI	DO	FR	SA	SO
Körner mit Tonikum anreichern und mit Bierhefe abtrocknen	Joghurt unters Körnerfutter mischen	Keimfutter	Große Gemüsestücke anbieten	Krümelfutter	Krümelfutter	PAUSE

ÜBER DIE GEFLÜGELFÜTTERUNG AN SICH

Wohl jeder kennt das Bild pickender Hühner oder grasender Gänse. Dabei hat man den Eindruck, als geschieht das so nebenbei. Aber es handelt sich um die gezielte Futteraufnahme.

Die Schnabelform der einzelnen Geflügelarten sagt viel über die Aufnahmeart aus. Der gebogene Schnabel der Hühner ist perfekt dazu geeignet, einzelne Futterteile gezielt aufzunehmen. Sie zeigen dabei eine ungeheure Treffgenauigkeit, die immer wieder verwundert. Der Schnabel ist dabei so massiv, dass er auch ohne große Mühe Wurzeln und sonstige unter der Erde liegende Teile freilegen kann. Bei Puten ist das alles noch eine gute Nummer größer und kräftiger.

Tauben hingegen haben einen eher zarten Schnabel und haben sich auf „oberirdisches“ Futter spezialisiert. Das heißt nicht, dass sie nicht auch hin und wieder in lockerer Erde graben und sogar harte Teile abpicken können. Die Schwerpunkte liegen aber woanders.

Gänse sind die Grasspezialisten unter den Geflügelarten. Der massive Gänseschnabel ist für intensives Grasen ideal ausgelegt. Sie fassen das Gras fest und reißen es regelrecht ab. Wozu das führen kann, sieht man an sogenannten gänsemüden Weiden. Hier können sich nur noch kriechende Gräser halten. alle anderen sind mitsamt der Wurzel abgeweidet. Will man den Gänsen also eine ergiebige Weidemöglichkeit bieten, sind Wechselweiden unverzichtbar. Unter Umständen kann auch eine gemeinsame Weidemöglichkeit mit Wiederkäuern die Lösung sein, da jede Tierart unterschiedlich „tief“ grast. Dann ist jedoch eine spezielle Parasitenprophylaxe unverzichtbar.

Enten fressen mit Hingabe im Wasser. Sie gründeln mit ihrem breiten Schnabel im Wasser und sieben dabei Pflanzenbestandteile aus. Sind Enten nicht auf dem Wasser, nehmen sie Futter in den Schnabel und tauchen es in die Tränke. Aus diesem Grund ist das Trinkwasser bei Enten auch immer ziemlich schnell und stark verschmutzt. Im Auslauf nutzen sie jede Chance, um in der Erde zu gründeln und Löcher zu buddeln. Das sich darin sammelnde Wasser sorgt dafür, dass aus einem kleinen Loch am Morgen eine geradezu riesige Schlammstelle am Abend geworden ist. Vor allem bei Regenwetter können Enten einen Auslauf innerhalb kürzester Zeit ruinieren.

Die natürliche Futteraufnahme ist beim Geflügel also größtenteils verschieden. Umso verwunderlicher ist es, dass die Fütterung in der landläufi-

Bei geflügelmüden Ausläufen können die Tiere kaum noch etwas finden.

gen Geflügelhaltung mehr oder weniger immer nach dem gleichen Prinzip abläuft. Der Fachhandel bietet verschiedenste Tröge an, in die das Futter gegeben wird. Wohl jeder kennt noch den ausgedienten Emailtopf in Omas Hühnerauslauf und die in den Auslauf geworfenen Körner oder Reste vom Mittagessen. Das Geflügel stürzte sich regelrecht darauf und pickte mal hier, mal dort. Beides sind vielleicht Extreme, die so nicht sein sollen. Irgendwie in der Mitte liegt wohl die Lösung.

Voraussetzung für die Fütterung sollten saubere Futtergeschirre sein, wie man Trog und Co. auch nennt. Sie werden hauptsächlich aus Kunststoff oder verzinktem Metall hergestellt. Beide Materialien haben den großen Vorteil, dass sie schnell und vor allem gründlich gereinigt werden können. Gerade wenn man Superfood mit einem höheren Feuchtigkeitsanteil wie eingeweichtes Brot oder auch Krümelfutter füttert, weiß man das zu schätzen. Unter Umständen kann es deshalb sinnvoll sein, Futtertröge zum Wechseln zu haben. Dann können sie nach der Reinigung immer wieder vollständig austrocknen – bei Holztrögen muss man darauf ganz besonders achten.

Für Körnerfutter haben sich die gewöhnlichen Futtertröge bewährt. Sie gibt es in verschiedenen Längen, Breiten und Tiefen. Es ist sinnvoll, diese etwas erhöht aufzustellen oder Erhöhungen direkt am Trog anzubringen. So kann das Futter nicht so leicht verschmutzt werden. Für größere Futtermengen eignen sich Spender. Bei ihnen kann nur so viel nachlaufen, wie weggefressen wird. Die Öffnung der Nachlaufmenge kann individuell eingestellt werden. Ist sie zu groß, verschwenden die Tiere zu viel, da sie das Futter rauswerfen und nur die groben Bestandteile herausfressen.

Selbst gemachter Futtertrog

Eine Alternative für geringe Futtermengen können Unterteile von gewöhnlichen Kunststoffeimern sein. Dazu wird ein Eimer waagerecht aufgeschnitten, sodass ein Rand von etwa 10 cm Höhe über dem Boden bleibt. Sie sind sehr günstig und immer wieder leicht zu beschaffen, außerdem gut zu reinigen.

Puten sind den ganzen Tag auf Achse und suchen sich viel Futter.

Die Futterstellen können in verschiedenen Bereichen in Stall und Auslauf aufgestellt werden, sodass auch rangniedrigere Tiere jederzeit an das Futter kommen können. Es darf nämlich nicht unterschätzt werden, wie dominant einzelne Tiere gegenüber ihren Artgenossen sein können. Bei der Fütterung grundsätzlich, aber gerade auch von Superfood im Speziellen, muss immer darauf geachtet werden, dass jedes Tier gleichzeitig mit den anderen fressen kann. Kontrollieren Sie aber täglich die unterschiedlichen Futterstellen, damit keine Futterreste übrig sind. Sonst besteht die Gefahr, dass sich zum Beispiel Ratten ansiedeln.

In der Geflügelhaltung gibt es verschiedene Fütterungskonzepte. Am häufigsten ist wohl die Standfütterung. Diese wird vor allem bei Hühnern und Puten angewendet. Die Tiere haben jederzeit Zugang zum Futter, und zwar zu allen Futterkomponenten. Das klassische Beispiel ist das sogenannte Legehennenalleinfutter, das in der industriellen Legehennenhaltung ständig angeboten wird. In der privaten Hobbyhaltung kann zwar ein Futter ständig bereitgestellt werden, doch werden in der Regel weitere Futterkomponenten, unter anderem Superfood, zusätzlich gereicht. Wer Gänse und Enten zur Mast hält, für den kann Standfutter ebenfalls eine Alternative

sein. Standfutter hat immer eine sehr geringe Feuchtigkeit. Das hat den Vorteil, dass es nicht verdirbt, also sauer wird oder schimmelt. Nur wenn das gewährleistet ist, kann Standfutter eine Alternative sein. Bei allen anderen Varianten sollte immer nur so viel gefüttert werden, wie innerhalb kurzer Zeit auch gefressen wird. Im Sommer bei heißen Temperaturen ist das natürlich deutlich weniger als im Herbst und Winter, wenn das Thermometer dauerhaft fällt.

Als einzige Geflügelart werden Tauben überwiegend so gefüttert, dass innerhalb kürzester Zeit alles restlos aufgefressen wird. Das hat sich vor allem in der Zeit der Aufzucht bewährt.

Bei allen Fütterungsmethoden darf man nie aus den Augen verlieren, das Futter ein ideales Mittel ist, um die Tiere zu trainieren. So kommen Gänse und Enten abends freiwillig in den Stall zurück, weil sie wissen, dass sie dort einen besonderen Leckerbissen bekommen. Verwendet man dazu immer noch das gleiche Gefäß, reicht schon alleine das aus. Die Tiere sind regelrecht konditioniert. Überhaupt wird man als aufmerksamer Beobachter schnell merken, was das Geflügel besonders liebt. Nicht nur unter den Geflügelarten, sondern selbst unter einzelnen Tieren kann man das feststellen. Interessant ist in diesem Zusammenhang, dass die Tiere anscheinend genau wissen, was sie wann brauchen und entsprechende Bestandteile wählen. So bemerkt man bei sehr kalten Temperaturen eine erhöhte Aufnahme sehr energiereicher Futterbestandteile.

1 Bei in Volieren gehaltenen Tieren muss alles Superfood bereit gestellt werden.

2 Wird aus der Hand gefüttert, weiß man, wie viel jedes Tier davon gefressen hat.

FUTTERARTEN UNTER DER LUPE

Futter für Geflügel kann ungeheuer vielfältig sein. Es ist viel mehr als das, was man heute landläufig unter Geflügelfutter versteht beziehungsweise was uns die Futtermittelindustrie als solches verkauft. Unsere Vorfahren waren hierin viel erfahrener.

Ich kann mich als Kind daran erinnern, wie bei meinen Großeltern in der Waschküche immer Getreide zum Quellen stand und sie ständig Keimfutter herstellten. Sie produzierten Superfood im Grunde so nebenbei.

Die Vielfalt an Futterarten ist also keine neue Erfindung, sondern oft eine Rückbesinnung auf frühere Zeiten. Jede Futterart hat dabei ihre Vor- und Nachteile und jeder muss für sich selbst entscheiden, welche er für geeignet hält. Einige davon bedeuten einen größeren Arbeits- und Vorbereitungsaufwand. Dennoch sollte man sie nicht von vornherein ausschließen. Die Abläufe gehen mit der Zeit so in das tägliche Arbeiten mit den Tieren über, dass sie schon bald nicht mehr auffallen. Dennoch muss man sich, und da spreche ich aus Erfahrung, nach einer gewissen Zeit immer wieder neu motivieren.

Getreide in Körnerform wird sehr gerne gefressen.

KÖRNERFUTTER

Unter Körnerfutter versteht man ein Futter, das aus ganzen Körnern besteht. Dabei kann es sich um eine einzelne Getreideart oder auch eine Mischung handeln. Der Landhandel oder Mühlen haben in der Regel ein Körnermischfutter im Angebot.

Die Bestandteile der einzelnen Komponenten können dabei je nach Hersteller und Geflügelart schwanken. In der Regel überwiegt Weizen bei Weitem. Körnerfutter hat den Vorteil, dass man es dem Geflügel am Abend reichen kann und der Muskelmagen damit über Nacht beschäftigt ist. Vor allem in der Hühnerfütterung ist das die Regel.

Eine Handvoll Körnerfutter in der Einstreu oder im Auslauf sorgt für Beschäftigung der Tiere und hält sie damit von Untugenden wie Federpicken ab. Problematisch ist allerdings zu sehen, dass man bei dieser Vorgehensweise keine Übersicht hat, ob auch alles gefressen wird. Reicht man es in Trögen ist dieses Problem ausgeschaltet.

Bietet man den Tieren Körnermischfutter zur freien Aufnahme und zum Sattfressen an, sind Probleme vorprogrammiert: Die Tiere wählen unter Umständen zu selektiv aus; so werden runde Körner lieber gefressen als länglich spitze. Manche Bestandteile bleiben liegen und hat nicht jedes Tier gleichzeitig einen Fressplatz, müssen sich die rangniedrigeren Tiere mit den Futterresten beziehungsweise den nicht so gern gefressenen Körnern begnügen. Futter in Körnerform kommt daher als alleiniges Futter wohl nur bei Tauben in Betracht.

Durch die kleineren Partikel dauert die Mehlfutteraufnahme länger.

Außerdem sollte man darauf achten, dass die Futtergabe immer nur so groß ist, wie innerhalb kurzer Zeit restlos gefressen wird – und zwar alle Körnerarten.

MEHLFUTTER

Vor allem in der Hühnerfütterung wird im Handel oftmals Futter in Mehlform angeboten. Dabei handelt es sich um gemahlenes Getreide. Das hat den Vorteil, dass die Hühner mit dem eigentlichen Fressen sehr lange beschäftigt sind. Im Umkehrschluss bleibt ihnen dann keine Zeit, sich mancher Untugend wie dem Federfressen hinzugeben. Darüber hinaus können sie nicht so selektiv fressen, wie das bei Körnermischfutter der Fall ist. Je nach Mahlgrad kann das Mehlfutter feiner oder gröber strukturiert sein. Die jeweilige Weiterverwendung ist dafür wohl der Hauptgrund. Oft ist Mehlfutter die Basis für Krümelfutter.

GRÜNFUTTER

Gerade Grünfutter ist als Superfood anzusehen. In ihm sind viele Vitalstoffe und Vitamine in hoher Konzentration vorhanden. Grünfutter kann dabei ungeheuer vielfältig sein. Eigentlich kann alles verfüttert werden, was nicht giftig ist. Einzelne Vorlieben wird man aber selbst bei Grünfutter schnell feststellen. Aufpassen muss man, das Grünfutter in der passenden Länge anzubieten. Denn während Gänse ähnlich wie Schafe und Rinder weiden, pickt das andere Geflügel mehr oder weniger einzelne Teile ab. Fressen sie längeres Gras, kann es vorkommen, dass sich im Kropf ein Knäuel bildet, das zum Tod des Tieres führen kann. Aus diesem Grund soll Grünfutter, vor allem Gras- und Kleearten, kurz geschnitten angeboten werden. Großblätteriges Grünfutter wie Brennnessel oder Topinambur kann selbstverständlich auch zum Abpicken angeboten werden. Die Stängel sollten jedoch zerkleinert werden.

Ein Futternetz, ein Graskorb oder ein einfach gebundenes Bündel hat sich sehr bewährt, um längeres Grünfutter anzubieten. Kurz geschnittenes Grünfutter wird entweder pur oder in Krümelfutter gemischt angeboten.

Eine Zweckentfremdete Rattenfalle ist ein praktikabler Grünfutterhalter.

Keimfutter ist Superfood par excellence.

TROCKENFUTTER

Superfood ist oft nur saisonal in frischer Qualität zu bekommen. Das Trocknen kann deshalb eine sehr sinnvolle Möglichkeit sein, um beispielsweise Pflanzen ganzjährig verfüttern zu können. Die getrockneten Pflanzenteile werden dann dem anderen Futter untergemischt. Aber auch Körner- und Mehlfutter gehören zum Trockenfutter.

Es hat den riesigen Vorteil, dass es nicht so schnell verdirbt. Trocken gelagert, ist es im Grunde unendlich haltbar. Füttert man regelmäßig nur trockenes Futter, muss man darauf achten, dass ständig frisches Wasser zur Verfügung steht. Der Wasserbedarf der Tiere ist dann nämlich höher.

KEIMFUTTER

Vollkommen trockene Körner finden Tiere in der freien Natur in den seltensten Fällen; die Regel sind angekeimte oder halbreife Sämereien. Das sollte man unbedingt auf die Fütterung übertragen und immer wieder Keimfutter herstellen. Es ist mit Sicherheit eines der wertvollsten Futtermittel, die man seinen Tieren anbieten kann. Grundsätzlich kann man jegliche Körner zum Keimen bringen, sofern die Keimfähigkeit gegeben ist. Das bedeutet, dass der Keimling entwicklungsfähig, also lebensfähig ist. Es fiel schon mehrfach auf, dass Tiere Getreide, das nicht keimfähig war, liegengelassen oder nur widerwillig gefressen haben. Man hat regelrecht dein Eindruck, als würde das Geflügel das instinktiv erkennen. Eine Keimprobe mit gekauftem Futter ist deshalb sinnvoll: Keimt das Futter nicht mehr, sollte man es dem Händler ruhig zurückbringen.

Beim Keimen wird die Keimruhe des Samenkorns unterbrochen, und zwar durch die Aufnahme von sehr viel Wasser innerhalb kürzester Zeit. Bei manchen Körnerarten steigt der Wasseranteil von rund 10 % auf 70 bis 80 %. Kohlenhydrate werden durch den Keimungsprozess zu sehr leicht verdaulichen Doppelzuckern und Fette zu mehrfach ungesättigten Fettsäuren umgewandelt. Hinzu kommt ein deutlicher Anstieg des Vitamingehaltes, und zwar vor allem der B-Vitamine und der Vitamine C, K und E. (Letzteres wird landläufig auch als Fruchtbarkeitsvitamin bezeichnet – darin liegt auch der Grund, weshalb Keimfutter vor allem während der Paarungs- und Aufzuchtsphase besonders gerne gegeben wird.) Diese Veränderungen in der Nährstoffzusammensetzung finden bereits in sehr frühem Stadium der Keimung statt. Es genügt also durchaus, wenn das Korn leicht aufgeplatzt und der Keimling nur sehr klein zu sehen ist.

Grundvoraussetzung zur Herstellung von Keimfutter ist größtmögliche Sauberkeit. Bei unsachgemäßer Keimung beziehungsweise Rahmenbedingungen können sich leicht Bakterien und Schimmelpilze bilden, die für das Tier lebensbedrohend sind. Auf jeden Fall ist darauf zu achten, dass das Keimfutter möglichst schnell gefressen wird – vor allem bei sehr warmen Umgebungstemperaturen. Lieber also kleine Mengen und dafür häufiger Keimfutter herstellen.

Passende Geräte zur Herstellung von Keimfutter sind unverzichtbar. Am besten geeignet sind Kunststoffschüsseln und -siebe. Diese können am besten gereinigt werden. Vor allem in den Sieben, in denen die Körner keimen sollen, ist auf eine ausreichende Luftzufuhr zu achten. Während die im Handel angebotenen Keimtürme für Sämereien durchaus nutzbar sind, gibt es bei größeren Körnern hier doch einige Schwierigkeiten. Hier wird man um eine eigene Lösung nicht umhin kommen.

Der erste Schritt in der Keimfutterherstellung ist die Auswahl geeigneter Körner oder Sämereien. Ein gleichmäßiges Keimfutter ist nur zu erreichen, wenn die Körner mehr oder weniger gleich groß sind: Eine Körnermischung aus Hirse und Mais wird nicht gleichzeitig keimen. Deshalb keimen die meisten nur eine Sorte, um dieses Handicap zu umgehen. Klassische Sorten sind zum Beispiel Gerste, Hafer, aber auch Hirse und Raps. Das ausgewählte Keimgut sollte natürlich möglichst sauber sein, um schon von vornherein Keime und Bakterien zu vermindern.

Das Keimgut wird zunächst eine Nacht in gut lauwarmes Wasser gelegt. Das Wasser muss dabei die Körner vollständig bedecken. Am nächsten Morgen das Keimgut in ein Sieb schütten und mit reichlich Wasser spülen. Sinnvoll ist es, wenn man das Keimgut im Sieb liegen lässt, damit überschüssiges Wasser in der Folge ablaufen kann. Ich persönlich tendiere dazu, das Keimgut am Abend wiederum zu spülen und am nächsten Morgen noch einmal. Lauwarmes Wasser sollte hierbei die Regel sein. Spätestens am Abend des zweiten Tages sollte die Keimung sichtbar sein. Je nach Art des Keimgutes kann diese auch etwas früher oder später einsetzen. Je nach Getreide- beziehungsweise Körnerart gibt es richtige Schnell- und Langsamkeimer. Wenn man immer wieder von Licht- und Dunkelkeimern liest, so scheint mir dies etwas überbewertet. Schließlich geht es nicht darum,

Pflanzennachwuchs zu ziehen, sondern lediglich die Keimung in Gang zu setzen. Viel eher ist wichtig, das Keimgut keiner direkten Sonneneinstrahlung auszusetzen, es aber auch nicht vollständig dunkel zu stellen. Auf jeden Fall ist darauf zu achten, dass, so lange das Keimfutter nicht restlos verfüttert ist, immer wieder reichlich gespült werden muss.

Diese Samen keimen besonders zuverlässig

Meine Favoriten beim Keimen sind:

1. *Gerste*
2. *Hafer*
3. *Erbsen*
4. *Hirse*
5. *Weizen*

QUELLFUTTER

Unter Quellfutter versteht man Keimfutter, das bereits nach der Quellphase verfüttert wird. Gerade bei Körnerarten mit sehr harter Umhüllung, wie Hafer oder Gerste, kann es eine gute Alternative sein. Viele Tiere fressen solches Quellgetreide besonders gerne. Das gilt vor allem für Gänse und Enten. Gerade auch beim Herstellen von Krümelfutter kann das Quellfutter sinnvoll eingesetzt werden. Es bringt nämlich relativ viel, aber gebundene Feuchtigkeit mit, und zwar meistens gerade so viel, wie es fürs Krümelfutter nötig ist.

Die Inhaltsstoffe des Quellfutters sind nahezu identisch mit denen getrockneter Körner und keinesfalls mit denen von Keimfutter vergleichbar.

Was ist Krümelfutter?

Krümelfutter entsteht, wenn mehrere Futterkomponenten zerkleinert und miteinander vermischt werden und der Wasseranteil gerade so hoch ist, dass das Futter von der Konsistenz her krümelig bleibt. Meistens reicht dazu schon der Wasseranteil im Gemüse oder in eingeweichten Körnern. Selbstverständlich kann auch Wasser dazugegeben werden, um das Futter krümelig zu erhalten. Ein Rezept für Krümelfutter finden Sie auf den Seiten 28-29.

Was ist Feuchtfutter?

Viele Milchprodukte wie Joghurt, Quark usw. sind als Feuchtfutter anzusehen. Auch eingeweichtes Brot zählt dazu. Durch den hohen Feuchtigkeitsgehalt ist vor allem in der warmen Jahreszeit darauf zu achten, dass Feuchtfutter möglichst umgehend aufgefressen wird und nicht verderben kann.

TEE

Durch die Herstellung von Tee ist es möglich, seinen Tieren Wirkstoffe über das Wasser zu geben. Vor allem in Zeiten mit hohen Umgebungstemperaturen ist das eine gute Möglichkeit. Dann kann es nämlich vorkommen, dass angefeuchtetes Futter schnell sauer wird. Darüber hinaus bietet es die Chance, verschiedene Pflanzen zu mischen und damit vielfältige Wirkstoffe gleichzeitig zu verabreichen.

Die Herstellung des Tees für Tiere funktioniert dabei genauso wie beim Tee für uns Menschen. Eine Variante kann sein, Quell- oder Keimfutter bereits in Tee einzuweichen. Aber auch bei Krümelfutter kann Tee statt Wasser für die Feuchtigkeitsgabe verwendet werden.

Wo Hühner scharren können, finden sie viele Mineralien und nehmen auch Erde auf.

MINERALIEN UND ERDE

Extra angebotene Mineralien werden mit Gemüse und Schnittlauch noch hochwertiger gemacht.

Mineralien sind für den Organismus unverzichtbar. Die Mineralienmenge in den üblichen Futtermitteln reicht meistens nicht aus, um die Tiere umfassend zu versorgen. Als Halter muss man deshalb dafür Sorge tragen, dass entsprechend ergänzt wird. Der Handel hält Mineralstoffmischungen für Geflügel bereit. Diese kann man zur freien Aufnahme anbieten: in einem extra Gefäß oder direkt ins Futter gemischt. Selbstverständlich eignet sich auch dafür wieder das Krümelfutter.

Wer will, kann gerne auch selber Stoffe sammeln, die über einen hohen Mineraliengehalt verfügen: Sand aus einer Sandgrube in der Nähe, ungedüngte Erde aus dem Garten, Erde aus frisch aufgeworfenen Maulwurfshügeln oder auch fertig durchgerotteter Kompost. Noch etwas spricht für die Gabe von Sand und Erde: Geflügel verfügt über einen Muskelmagen, daher sind sogenannte Magensteinchen in Form von Grit, Sand usw. für die Verdauung unverzichtbar. Etwas Sand im Futter ist deshalb auf jeden Fall zu empfehlen. Wer in seinem Auslauf eine Sandecke einrichten kann, sollte das tun. Die Tiere nehmen hier so viel auf, wie sie benötigen; zusätzlich dient es als Staubbad. Erde sollte ebenfalls nie fehlen: Wer keine (ungedüngte) Erde sammeln kann oder möchte, kann auch spezielle Heilerde aus dem Handel nehmen. In früheren Zeiten haben die alten Geflügelhalter auch Tonziegel und -steine zerschlagen und dies ihren Tieren unters Futter gemischt. Bezüglich der Größe der Magensteinchen in Sand und Erde braucht man sich übrigens keine Gedanken zu machen; das Geflügel sortiert instinktiv und frisst nur das Passende.

Futterkalk darf selbstverständlich in keiner Futterration fehlen. Gerade er besitzt eine ungeheure Mineralienmenge. Er wird vom Fachhandel in verschiedenen Zusammensetzungen und Packungsgrößen angeboten.

Wer seinen Tieren einen großen und vor allem reich strukturierten Auslauf bieten kann, der merkt schnell, dass die zusätzliche Aufnahme von Mineralien durch die Tiere sehr gering sein kann und dass die Menge an aufgenommenen Mineralien von Zeit zu Zeit ganz erheblich schwankt. Man hat den Eindruck, dass die Tiere merken, wann sie was brauchen.

Krümelfutter

Zutaten für eine 2-Tages-Ration für ca. 10 Hühner, natürlich auch für alles andere Geflügel

- 1 kg Getreideschrot, aus Weizen, Gerste, Hafer, Mais
- 1 Handvoll ganze Körner, zum Beispiel Weizen, Gerste, Hafer
- Grünfutter, zum Beispiel Topinambur, Ringelblumen, Beinwell (Comfrey), Gemüse usw.
- 1 EL Bierhefe
- 1 EL Futterkalk
- 100 g Naturjoghurt
- 1 eingeweichtes Brötchen oder etwas altes Brot
- 2 Möhren
- 2 EL Öl
- evtl. weitere Zutaten nach Verfügbarkeit und Überzeugung, zum Beispiel Keimfutter, geringe Mengen Essensreste usw.

Krümelfutter ist in seiner Zusammensetzung sehr vielfältig und wird mit Vorliebe gefressen.

Krümelfutter ist vor allem für die Fütterung am Morgen und den ganzen Tag über ideal. Die Konsistenz sollte immer so sein, dass es nicht „pampig“ oder „flüssig“ ist – es muss krümeln! Je nach Zutaten kann es nötig sein, den Schrotanteil etwas zu erhöhen beziehungsweise zu reduzieren. Das wird vor allem durch die Menge an wasserhaltigen Zutaten bestimmt. Mit der Zeit bekommt man aber hier das richtige Gefühl. Die Zutatenmenge kann also beliebig angepasst werden.

Überhaupt kann und soll die Zusammensetzung von Krümelfutter variieren. Die Basis ist immer Schrot, dem alles weitere untergemischt wird. Was das ist, hängt von jedem einzelnen ab. Hier sind der Fantasie keine Grenzen gesetzt. Um Krümelfutter herzustellen, ist ein Muser oder Tischkutter ideal. Aber auch alle anderen Helfer wie Grünzeugschneider usw. kommen hier zum Einsatz; dann muss man allerdings das Krümelfutter von Hand mischen. Spätestens wenn Krümelfutter regelmäßig verfüttern wird, weiß man den Wert von Muser oder Kutter zu schätzen. Abends sollte man dem Geflügel dennoch ein paar Körner zur Verdauung zusätzlich geben.

Superfood selber sammeln, ernten und verarbeiten

SORGSAM ERNTEN UND SAMMELN – BEWUSST FÜTTERN

Wer seinen Tieren Superfood anbieten will, geht einen individuelleren Weg als viele andere. Man will weg vom Alleinfuttermittel aus dem Sack, bei dessen Inhaltsstoffen man auf den aufgenähten Zettel vertrauen muss.

Machen wir uns aber nichts vor: Wer Superfood füttern will, muss einen höheren Arbeitsaufwand leisten. Sei es nun in der Beschaffung, beim Ernten oder beim Verarbeiten. Dafür hat man die Gewissheit, dass man seinen Tieren das Beste anbietet, was die Natur zu bieten hat.

Löwenzahn wird gerne gepickt und in allen Bestandteilen gefressen.

Überhaupt steht die Natur in engem Zusammenhang mit Superfood. Gerade auch für den Halter, der Superfood verfüttern will. Er muss mit der Natur leben und mit offenen Augen durch sie gehen. Selbstverständlich kann man auch im Handel Superfood kaufen. Es ist aber gerade die Gesamtheit vom Sammeln bis hin zum Verfüttern, die immer wieder fasziniert.

Beim sonntäglichen Spaziergang kann man viel entdecken. Man sieht schon im zeitigen Frühjahr, wo der erste Wiesenschnittlauch sprießt und man findet die Stelle am Bach, wo der Bärlauch dicht steht. Wo sind die besonders schönen Brennnesseln und wo die Schlehenbüsche? Das alles sind Fragen, für die Sie sich auf einmal interessieren, wenn Sie sich für Superfood entscheiden. Je mehr Sie in die Materie einsteigen, desto größer wird Ihr Wissen. Sie können es sich gar nicht mehr vorstellen, ohne Leinensäckchen im Rucksack unterwegs zu sein. Leinen hat den Vorteil, dass Pflanzenteile atmen können. In einer Plastiktüte ist das nicht der Fall; und im schlimmsten Fall, vor allem wenn die Pflanzen feucht sind, kann sich sehr schnell Schimmel bilden. Locker in einem Leinensack gesammelt, muss es auch zu Hause nicht gleich herausgenommen werden. Unter Umständen kann hierin sogar getrocknet werden. Für Beeren usw. hat es sich bewährt, wenn man dicht verschließbare Schüsseln zum Sammeln mitnimmt.

Superfood in Töpfen angebaut, kann zum Fressen einfach angeboten werden. Zur Regeneration der Pflanze wird er einfach wieder weggenommen.

Beim Sammeln müssen Sie aber die Eigentumsrechte beachten. Nicht alles, was Ihnen gefällt und was Sie für Ihre Tiere gern sammeln möchten, dürfen Sie auch. Der Zutritt auf fremde Grundstücke ist nicht erlaubt. Und Termine für das Begehen von Wiesen werden in der Tagespresse bekannt gegeben – man muss sich immer wieder vor Augen führen, dass Wiesen für die Heugewinnung genutzt werden, sodass sie nicht niedergetreten werden dürfen. Aber da viele Sorten Superfood recht häufig landläufig als Unkräuter angesehen werden, stößt man bei vielen Grundstücksbesitzern auf offene Ohren – entdeckt man etwas und fragt den Besitzer bei Gelegenheit, erhält man in den seltensten Fällen ein Absage. Ich jedenfalls ernte jährlich wunderschöne Brennnesseln an einer Dunglege auf dem freien Feld.

Wer über einen eigenen Garten verfügt, kann verschiedenes Superfood selbst anbauen (schon die bekannte Kräuterspirale kann viel bewirken) oder einfach aufwachsen lassen. Vernachlässigte Ecken, so zum Beispiel Randbereiche bei Büschen, an die man mit dem Rasenmäher nicht so recht rankommt, sind oft richtige Fundgruben. Man denke nur an Giersch, der wirklich in jedem Garten wächst und gerade in solchen Ecken bestens gezogen werden kann. Überhaupt ist es sinnvoll, einen naturnahen Garten zu gestalten. Wenn man mit dem Rasenmäher nicht alles wöchentlich niedermacht, wird man schnell feststellen, was sich so alles finden lässt.

Ist man sich bei einzelnen Pflanzen, beispielsweise bei Wildkräutern, bezüglich der Bestimmung nicht ganz sicher, kann eine Nachfrage bei verschiedenen Naturschutzorganisationen sinnvoll sein. Dort und bei den Volkshochschulen werden zudem immer wieder Kräuterwanderungen und -kurse angeboten. Wer die Chance dazu hat, sollte sie ergreifen. Ansonsten gilt: Nur das verfüttern, was man sicher erkennt.

Selbst die Küche ist ein guter Ort, um Superfood zu finden. Oft müssen es nämlich nicht ganze Pflanzen sein. Abschnitte vom Gemüseputzen, Stängel, Eierschalen, aber auch bereits gekochte Essensreste können Superfood sein. Gerader dieser Aspekt verdient in meinen Augen besondere Aufmerksamkeit, schließt sich doch damit der Kreis der Verwertung. In heutiger Zeit, in der alles im Überfluss vorhanden zu sein scheint und wir mehr oder weniger auf Kosten der nachfolgenden Generationen leben, scheint das wichtiger denn je zu sein. Will man das nutzen, ist es sinnvoll, wenn man sich eine kleine Schüssel in die Küche stellt, in der Salatstrünke, Apfel- und Möhrenschalen etc. und die Reste vom Abendbrot gesammelt werden. Anschließend werden sie entweder pur oder im Krümelfutter (Seiten 28-29) verfüttert. Spätestens daran sieht man, wie vielfältig Superfood sein kann.

Eierschalen verfüttern – Pro und Kontra

Eierschalen verfügen über einen sehr hohen Kalziumgehalt und sind deshalb eine ideale Kalziumquelle. Bevor man sie verfüttert, sollte man sie vollständig abtrocknen lassen und zerkleinert unter das restliche Futter mischen. Dann braucht man keine Angst zu haben, dass die Hühner „auf den Geschmack kommen" und anfangen, ihre eigenen Eier aufzufressen. Das Abtrocknen hilft zudem, eine mögliche Salmonellengefahr auszuschließen.

SINNVOLLE HELFER IN DER FUTTERKÜCHE

Steigt man intensiver in die Verfütterung von Superfood ein, merkt man bald, dass man ohne einige wichtige Gerätschaften – vor allem zum Zerkleinern des Futters – nicht auskommt.

Einige Helfer sind so speziell, dass man sie im landwirtschaftlichen Fachhandel kaufen muss. Auf den ersten Blick scheinen sie vielleicht teuer, aber sie lohnen sich. Meistens werden sie, wenn auch nur kurzfristig, stark beansprucht. Und nichts ist dann so lästig, als wenn vermeintliche Schnäppchen dieser Belastung nicht standhalten. Interessant ist in diesem Zusammenhang, dass manche Helfer erst in letzter Zeit wieder auf der Bildfläche erscheinen. Spätestens mit der Industrialisierung der Landwirtschaft, was das Ende der Selbstversorgung zum Ziel hatte, verschwanden auch so tolle Geräte wie Muser, Grünzeugschneider, Knochenmuser und Co. Erst heute kommen sie wieder in Mode, wenngleich manche erst wieder selbst gebaut werden müssen.

Manchmal reicht aber schon ein Blick in die Küche, um fündig zu werden. Einzig und allein muss man sich mit seiner Familie darauf einigen, ob die Küchenhelfer auch zur Herstellung von Superfood für Hühner und Co. verwendet werden dürfen. Nicht wenige haben damit nämlich so ihre Probleme – spätestens dann, wenn man zum Beispiel größere Mengen auf Vorrat herstellt und die Hochglanzküche zur Futterstation umfunktioniert wird. Da lobe ich mir doch die gute alte Futterküche, die man eventuell im Bereich der Waschküche, im Schuppen oder sonst wo unterbringen kann. Ein Stromanschluss sollte hier natürlich nicht fehlen. Hat man sogar einen Wasseranschluss mit Kalt- und Warmwasser, ist es perfekt. Je öfter und intensiver man darin arbeitet, desto mehr wird man den Nutzen zu schätzen wissen.

Mit der Zeit und je nach Superfood wird man einige Helfer ganz besonders gerne nutzen. Die nachfolgende Auflistung einzelner Geräte erhebt keinen Anspruch auf Vollständigkeit.

Vor allem bei größeren Gerätschaften sollte man sich im Vorfeld darüber Gedanken machen, wo man es aufstellt beziehungsweise lagert, wenn es nicht genutzt wird.

GETREIDEMÜHLE

Eine Anschaffung, die sich meistens relativ schnell lohnt, ist eine elektrische Getreidemühle. Damit hat man die Möglichkeit, verschiedenste Getreidearten in unterschiedlichen Mahlgraden zu verarbeiten. Das reicht dann von feinem Schrot bis hin zu grob strukturiertem, gerissenem Getreide. Der Austausch der hierfür notwendigen unterschiedlichen Siebe ist mit wenigen Handgriffen erledigt. Die heute für den Hausgebrauch angebotenen Mühlen sind fast allesamt mehr oder weniger aus Kunststoff gebaut und damit sehr leicht. Ihren Zweck erfüllen sie dennoch ganz hervorragend und haben eine sehr lange Lebensdauer. Die Arbeitsleistung pro Stunde hängt immer von der Getreidegröße und -härte zusammen. Körnermais ist dabei so ziemlich das härteste, was verarbeitet wird. Als riesigen Vorteil dieser Getreidemühlen sehe ich, dass der Sammelbehälter für das verarbeitete Getreide abgedeckt ist und es damit zu kaum einer Staubbelastung kommt. Im Übrigen sind sie in der Regel für einen normalen 230-V-Anschluss vorgesehen. Sie können also überall zum Einsatz kommen und sind deshalb auch für kleine Mengen ideal.

Eine einfache Getreidemühle weiß man bald zu schätzen.

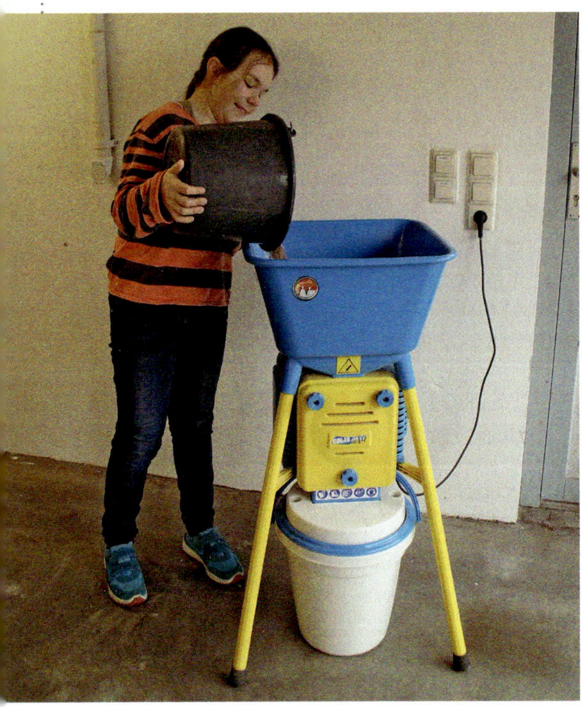

GRÜNZEUGSCHNEIDER

Unverzichtbar finde ich einen Grünzeugschneider. Wie der Name schon sagt, kann hiermit Grünzeug klein geschnitten werden. Gerade bei stieligen Pflanzen wie zum Beispiel Brennnesseln und Topinambur, aber auch bei Beinwell (Comfrey), Sauerampfer usw. merkt man schnell, dass man mit einer Haushaltsschere nicht weit kommt. Die Grünzeugschneider sind aus Metallguss hergestellt und haben in der Regel drei Messer, die an einem Schwungrad befestigt sind. Die Pflanzen werden in einen Zuführschacht gelegt und durch Transportwalzen zu den Messern geführt. Da die einzelnen Messer mit Schrauben befestigt sind, kann man sie auch einfach entnehmen: Je weniger Messer eingebaut sind, desto gröber ist das Schnittgut. Um dem Grünzeugschneider einen stabilen Halt zu geben, sollte er auf jeden Fall mit einem Tisch verbunden sein. Ist das ein dauerhafter Platz, ist es natürlich sehr gut. Aber selbst auf kleinen Hockern aufgeschraubt, habe ich sie schon gesehen. Damit kann das Gerät sogar leicht zur Seite geräumt werden.

Bei schnellem Gebrauch kann es vorkommen, dass das Schnittgut in gewissem Maß durch die Luft und zur Seite geworfen wird und leider nicht alles in die vorgesehene Wanne fällt. Das kann man umgehen, wenn man seitlich ein längeres Brett anschraubt, das sozusagen als Wurfgrenze dient.

Bei sachgemäßer Handhabung geht von einem Grünzeugschneider keine Gefahr aus. Auf jeden Fall sollte man aber darauf achten, dass Kinder keinen Zugriff haben. Das alte Sprichwort „Messer, Schere, Gabel, Licht sind für kleine Kinder nicht!“ gilt erst recht für einen Grünzeugschneider.

Einen Helfer, den man nicht missen möchte: der Grünzeugschneider.

Übrigens, das Grünzeug kurz zu schneiden, ist eine besondere Form der Gesundheitsvorsorge. Langes Gras kann nämlich bei Geflügel dazu führen, dass sich im Kropf ein Knäuel bildet. Wird dieses zu groß, kann es sogar sein, dass das Tier stirbt. Es ist nicht in der Lage, das Knäuel in den weiteren Verdauungstrakt weiterzureichen, sodass es sich immer mehr vergrößert; schließlich verhungert das Tier jämmerlich. Lediglich eine Kropfoperation, bei der das Knäuel entfernt wird, könnte hier Abhilfe schaffen. Das angebotene Grünfutter, gerade wenn es kräftig stielig ist wie bei Brennnesseln oder Topinambur, sollte deshalb immer kurz geschnitten werden. Denn nur dann werden auch die Stiele mitgefressen. Sonst pickt das Geflügel nur die Blätter ab. In diesem Zusammenhang bin ich immer wieder überrascht, wie schwer es sich manche Geflügelhalter selber machen, indem sie das älteste und stumpfeste Schneidwerkzeug verwenden, das der Haushalt hergibt nach dem Motto „für s Geflügel reicht s noch“. Man tut sich wesentlich leichter, wenn man auch diese Gerätschaften immer wieder mal nachschärft. Gerade weil an den ungewaschenen Pflanzen häufig noch Erde u. Ä. hängt, wird die Schneide besonders stark beansprucht.

Als Schneideunterlage haben sich Bretter in verschiedenen Größen bewährt. Das Material ist dabei absolut zweitrangig, sofern es nur für Pflanzen verwendet wird. Wird darauf auch Fleisch verarbeitet, tendiere ich eindeutig zu Kunststoffbrettern. Sie können einfach besser gereinigt werden, sodass es zu keiner Bakterienkontamination kommen kann, die den Organismus der Tiere dann schädigt. In den seltensten Fällen werden die Bretter in der Futterküche so genau gereinigt, wie das bei den Haushaltsbrettern in der Küche der Fall ist.

MIXER

Zur Herstellung von Gemüsemixen, Pestos usw. ist ein Mixer unverzichtbar. Aber aufgepasst: Viele der im Handel angebotenen Haushaltsmixer sind von der Leistung her einfach nicht ausreichend und haben deshalb eine nur sehr begrenzte Haltbarkeit. Das kann man nur umgehen, wenn man sehr geringe Mengen herstellt und die Bestandteile schon im Vorfeld sehr klein schneidet. Eine Alternative dazu sind die seit neuerer Zeit angebotenen Smoothie-Mixer. Sie haben deutlich mehr Leistung und sind je nach Typ sogar in der Lage, stielige Pflanzenteile vollständig zu verarbeiten.

Langstieliges Superfood bietet sich zur Verarbeitung mit dem Muser an und wird dann restlos gefressen.

1 Ein Muser ist die sprichwörtliche „eierlegende Wollmilchsau", wenn es um die Zerkleinerung und Zubereitung von Superfood geht.

2 Ein Kutter ist das gleiche Prinzip im Kleinformat.

MUSER

Ein Mixer im Großformat ist der sogenannte Muser. Es gab in früheren Zeiten wohl keinen landwirtschaftlichen Betrieb, auf dem kein Muser vorhanden war. Sie wurden damals in der Regel zur Herstellung von Schweinefutter verwendet, das meistens auch gleich für den Hofhund und das Geflügel gedacht war. Wenn man Glück hat – viel Glück zugegebenermaßen – findet man in einer alten Scheune noch einen. Im Fachhandel sind keine zu bekommen, deshalb sind die meisten Muser heute Eigenproduktionen. Die Basis dazu ist eine Metallschüssel, unter die ein Kraftstrommotor gebaut wird. Zur Zerkleinerung wird kein geschliffenes Messer, sondern einfach ein Flachstahl eingebaut. Die schnelle Drehung sorgt dafür, dass wirklich alles klein geschreddert wird. Am besten ist, der Muser hat unten einen Auslauf oder er sollte kippbar sein. Sonst muss man ihn mühsam von oben entleeren. In der ehemaligen DDR haben sich die Muser lange Zeit gehalten. Sie waren ausnahmslos selbst gebaut und zuweilen mit daruntergebauten Rasenmähermotoren richtig abenteuerliche Konstruktionen. Sofern man mit dem Gedanken spielt, einen Muser selbst zu bauen, sollte man entsprechende Informationen einholen und sich im Idealfall einen Muser in Natura anschauen. Erst dann und unter Hinzuziehung von Fachleuten sollte man sich an den Muserbau wagen. Dass ein Muser auf keinen Fall für Kinder zugänglich sein sollte, versteht sich von selbst. Ich habe meine Starkstrom-

Mit einem Tischkutter lässt sich auch hartes Gemüse einfach zerkleinern.

steckdose – die unverzichtbar ist – schalt- und verschließbar gemacht, und in einer solchen Höhe angebracht, dass sie für meine Kleinkinder nie zugänglich war.

Der Muser ist für mich im übertragenen Sinn wirklich die „eierlegende Wollmilchsau". Er ist fast täglich im Einsatz und aus meinem Fütterungskonzept nicht mehr wegzudenken. Ich gebe beispielsweise Getreide, Brot, ganze Brennnesseln, Zwiebel usw. – alles auf einmal – in den Muser, und nach kurzer Zeit habe ich perfektes Krümelfutter. Aber auch zur Herstellung des Rote-Bete-Gemüsemixes (Rezept Seite 89) beispielsweise wird der Muser immer wieder verwendet. Wer einmal einen Muser hat, kann sich gar mehr vorstellen, wie es ohne überhaupt möglich war.

Muser oder Mixer sollten nach Gebrauch vollständig geleert und grob gereinigt werden.

KUTTER

Wem der Mixer zu schwach ist und wer keine Chance hat, an einen Muser zu kommen, der findet in einem sogenannten Tischkutter ein perfektes Gerät. Hinzu kommt der große Vorteil, dass diese Tischkutter im Gegensatz zu Musern an einer gewöhnlichen Steckdose betrieben werden und deshalb eigentlich überall eingesetzt werden können. Normalerweise hat ein Tischkutter zwei Messer, die sich mit großer Geschwindigkeit drehen und dadurch auch wirklich harte Gemüse perfekt zerkleinern. Mindestens 1000

Umdrehungen pro Minute sollte er aber schon leisten, um zum Beispiel auch Sellerie problemlos zu verarbeiten. Im Tischkutter können Gemüsemixe mit Flüssigkeitszugabe in einem Arbeitsgang hergestellt werden, selbst Mischfutter ist kein Problem. Kutter werden in verschiedenen Größen angeboten, die von 3 bis 12 l reichen. Sie sind zwar in der Anschaffung nicht ganz günstig, lohnen sich aber auf jeden Fall.

KNOCHENPRESSE UND -MÜHLE

Tierisches Eiweiß ist Superfood im wahrsten Sinn, und es ist eine alte Weisheit, dass Metzger schon immer besonders schönes Geflügel hatten. Das hängt mit Sicherheit auch damit zusammen, dass sie das täglich anfallende Knochenmehl von der Knochensäge verfütterten. In früheren Zeiten war es gängig, dass Geflügelhalter Knochenpressen und Knochenmühlen hatten, um auch diese Fütterungsquelle zu nutzen. Seit ein paar Jahren bietet der Handel wieder sehr stabile und funktionelle Exemplare an. Dabei ist es in der Regel egal, ob man frische oder bereits gekochte Knochen damit bearbeitet. Lediglich die ganz dicken Röhrenknochen bekommt man fast nicht klein. Mit dem Muser habe ich es aber schon geschafft, sie ins Krümelfutter einzuarbeiten. Noch ein Wort zur Splitterbildung: Richtig bearbeitet sind die Knochenteile so klein, dass sie keine Gefahr für das Geflügel darstellen und problemlos aufgenommen werden können. Ehrlich gesagt ist Geflügel auch nicht so dumm, wie es Außenstehende gern darstellen. Sie wissen genau, was in den Schlund passt und was nicht. Knochenmühlen und -pressen sollten nach der Benutzung immer gereinigt werden. Schon geringste Fleisch- und Knochenreste ziehen vor allem während der warmen Jahreszeit Fliegen an, die darin sogar ihre Eier ablegen. Von der erhöhten Geruchsbelästigung ganz zu schweigen. Das sollte man sich im Vorfeld auf jeden Fall überlegen.

Dörrautomaten sind ideal, um sich einen Wintervorrat anzulegen.

DÖRRAUTOMAT

Zur Sonderausstattung gehört mit Sicherheit ein Dörrautomat. Aber auch bei ihm gilt: Hat man die Vorteile einmal genossen, will man nicht mehr auf ihn verzichten, kann man sich mit ihm doch einen Win-

1

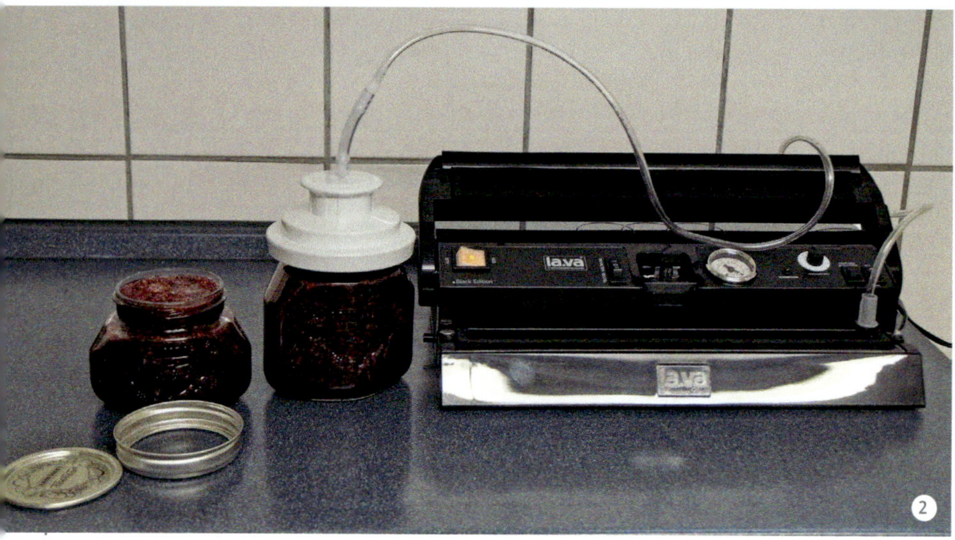

2

Vakuumiertes Superfood ist deutlich länger haltbar.

Je nach Ausrüstung können auch Gläser vakuumiert werden, was gerade beim Mixen usw. ein großer Vorteil ist.

tervorrat an Superfood schaffen. Während sich blättrige Pflanzenteile auch an der Luft sehr gut trocknen lassen, muss man bei Früchten, Gemüse und Co., also Dingen, die über einen höheren Wassergehalt verfügen, aufpassen. Es kann leicht zu Schimmelbildung kommen, die die Gesundheit des Geflügels natürlich massiv gefährdet. Mit einem Dörrautomaten braucht man sich darüber keine Gedanken zu machen. Hier wird alles ideal gesteuert.

VAKUUMIERGERÄT

Auch dieses Gerät gehört eher zur Sonderausstattung. Es gibt aber wohl kaum eine bessere Lösung, als Superfood zum einen platzsparend, zum anderen aber auch äußerst schonend aufzubewahren. Durch das Absaugen von Luft – entweder aus speziellen Vakuumierbeuteln oder -gefäßen – wird die Zahl der Mikroorganismen deutlich reduziert, was wiederum die Haltbarkeit deutlich verlängert. Entscheidet man sich für ein Vakuumiergerät, sollte man unbedingt auf Qualität achten. Die zuweilen angebotenen Haushaltsgeräte halten leider selten, was sie versprechen. Hier sollte man ruhig etwas länger suchen und lieber zu einem etwas höherwertigen Produkt greifen. Ab 250 Euro sind solche Geräte in der Regel zu bekommen. Wenn man bedenkt, dass ein solches Gerät auch im privaten Haushalt verwendet werden kann, lohnt sich diese Anschaffung meistens sehr schnell. Aber bitte aufpassen: Viele Angebote werden als Folienschweißgeräte beworben – sie sind zwar sehr günstig, haben aber in den seltensten Fällen die Leistung, die ein echtes Vakuumiergerät bringen muss. Ich rate deshalb explizit ein Vakuumiergerät auszuwählen, im Zweifelsfall sollte man sich das Gerät vorführen lassen.

Übrigens sollte man beim Kauf vielleicht darauf achten, dass eine sogenannte Vakuumglocke für Gläser anschließbar ist. Damit lassen sich Gemüsemixe usw. perfekt haltbar machen.

SIEBE, SCHÜSSELN UND MESSER

Sie sind zur Herstellung von Keimfutter unverzichtbar. Aber auch sonst wird man immer wieder Schüsseln für alles Mögliche brauchen. Gerade bei der Keimfutterherstellung müssen diese anschließend sehr sauber gereinigt werden – diesen Aspekt also schon bei der Auswahl berücksichtigen.

Selbstverständlich gehören in eine Futterküche auch entsprechende Messer. Diese sollten scharf sein, damit man sich die Vorarbeiten nicht unnötig schwer macht. Deshalb ist man gut beraten, sie immer wieder abzuziehen.

SUPERFOOD HALTBAR MACHEN

Egal, ob man Superfood selber im Garten anbaut, in der Natur sammelt oder einkauft: Das Geflügel soll möglichst das ganze Jahr über von den Schätzen profitieren.

Der Fachhandel bietet heutzutage jede Menge Superfood an: verschiedenste Mineralienmischungen, Gemüsepulver, getrocknete Kräuter, Pellets – alles ist haltbar gemacht und kann direkt genutzt werden. Nun stellt sich die Frage, weshalb man als Geflügelliebhaber den Aufwand betreiben soll, Superfood selber haltbar zu machen. Die Antwort ist denkbar einfach: Man will wissen, wie die Qualität des Superfoods im Urzustand ist. Sammelt oder erntet man selber, kann man das mit einhundertprozentiger Sicherheit sagen. Man hat einfach ein gutes Gefühl. Und viele haben selbst einen Garten, aus dem sie Superfood ernten können. Vieles steht natürlich nicht ganzjährig zur Verfügung, sondern muss dann geerntet werden, wenn es eben Zeit ist. Spätestens dann wird man mit der Haltbarmachung konfrontiert. Aber selbst wenn man frisches Superfood einkauft, muss man schauen, dass man es bis zur Verfütterung frisch hält beziehungsweise so lange haltbar macht.

Dem Einfallsreichtum sind jedenfalls keine Grenzen gesetzt, wenn es darum geht, Superfood aufzubereiten und haltbar zu machen. Mit der Zeit merkt man sehr schnell, welche Varianten man persönlich bevorzugt. Manchmal sind aber auch die Rahmenbedingungen zwingend vorgegeben: Große Mengen Brennnesseln in einem Dörrautomaten trocknen zu wollen, ist Unsinn; für geringe Mengen Salbei bietet er sich dagegen optimal an.

Verschiedene Mikroorganismen wie Pilze und Bakterien sind dafür verantwortlich, dass frische Lebensmittel verderben. Sie faulen, schimmeln, werden ranzig oder sauer. Wohl jeder kennt diese Prozesse bei seinen Lebensmitteln und unternimmt mehr oder weniger instinktiv alles, um das so lange wie möglich nach hinten zu verschieben. Es käme wohl niemand auf den Gedanken, frisches Fleisch auf der Fensterbank zu lagern und Walnüsse in den Kühlschrank zu legen. Diesen „praktischen Verstand" sollte man auch bei Superfood für sein Geflügel beibehalten. Die verschiedenen Möglichkeiten der Haltbarmachung, unterscheiden sich dabei eigentlich nicht von denen unserer menschlichen Lebensmittel. Dort gemachte Erfahrungen kann man immer wieder abrufen. Gerade bei älteren Menschen, für die Vorratshaltung noch gang und gäbe war, ist diesbezüglich riesiges Wissen vorhanden.

Wer über einen Naturkeller verfügt, sollte diesen unbedingt nutzen. Darin lässt sich viel Gemüse und Obst, klassischerweise Kohl, Wurzelgemüse, Kartoffeln, Kürbis und Äpfel usw., über einen langen Zeitraum lagern, und zwar so, dass es kaum an Qualität einbüßt. Bei richtiger Lagerung kann es sogar bis zur nächsten Ernte genutzt werden. Darüber hinaus gibt es verschiedene Möglichkeiten der Haltbarmachung. Im Folgenden sollen ein paar der gängigsten Methoden aufgezeigt werden. Ziel ist immer, die Inhaltsstoffe in der höchst möglichen Konzentration zu erhalten. Schließlich sollen sie ja unserem Geflügel zugutekommen.

KÜHLEN

Die wohl größte Erfindung bezüglich der Haltbarmachung war der Kühlschrank. Auf einmal war es möglich, die Haltbarkeit entscheidend und vor allem mit wenig Aufwand zu verlängern. Die Kühlung sorgt dafür, dass die Stoffwechselaktivität der Mikroorganismen erheblich heruntergesetzt wird. Die Inhaltsstoffe, vor allem Vitamine, bleiben dabei weitestgehend erhalten. Manchmal kann man den Hauskühlschrank mit nutzen. Wer die Möglichkeit hat, kann sich natürlich auch einen separaten Kühlschrank hinstellen. Ich persönlich nutze diesen dann gleich auch zur Aufbewahrung der „Notfall-Apotheke" fürs Geflügel (selbstverständlich strikt getrennt vom Superfood). Ein eigener Kühlschrank lohnt sich aber nur, wenn auch entsprechende Mengen gekühlt werden müssen. Eine Alternative kann sein, diesen Kühlschrank nur bei Bedarf einzuschalten, zum Beispiel wenn man eine größere Menge geerntet oder gesammelt hat und bis zur schlussendlichen Aufarbeitung ein paar Tage „Luft braucht". Vor allem Kräuter, Gemüse, aber auch Obst lassen sich durchs Kühlen ein paar Tage bis hin zu mehreren Wochen frisch halten. Wird das Superfood zuvor noch vakuumiert (Seite 43) ist die Haltbarkeit unter Kühlung bis zu zehnmal länger als offen und ungekühlt gelagerte Ware. Für Milchprodukte ist Kühlung außerdem meistens die einzige Möglichkeit, sie frisch zu halten.

EINFRIEREN

Beim Einfrieren wird das Wachstum von Mikroorganismen vollständig gestoppt. Sie werden aber nicht abgetötet, denn spätestens nach dem Auftauen setzt der Verderbungsprozess wieder ein. Das geht dann unter Umständen sogar noch schneller als bei frischer Ware. Das liegt daran, dass manches Superfood beim Einfrieren matschig wird, was wiederum an der Zerstörung der Zellen liegt. Die Angriffsfläche für die Mikroorganismen wird dadurch größer. Superfood sollte also gleich nach dem Auftauen ver-

Glückliche, gesunde Hühner durch Superfood, das zum großen Teil auf der Wiese gefunden wird.

Frisch eingefroren bleiben die Inhaltsstoffe größtenteils erhalten.

füttert werden. Gerade wenn man zum Beispiel Pflanzen ins Krümelfutter hineinmischen will, ist das portionsweise Einfrieren eine perfekte Lösung. Dabei kann jeder für sich selbst entscheiden, ob er bereits fertige Mischungen einfriert, sodass man nicht mehrere Behältnisse nutzen muss. Gerade für die Urlaubsvertretung bringt das eine große Erleichterung mit sich. Aber auch in der täglichen Routine weiß man die Vorteile schnell zu schätzen.

Der große Vorteil beim Einfrieren ist, dass die Inhaltsstoffe fast ausnahmslos erhalten bleiben. Voraussetzung dafür ist allerdings, dass man gleich nach dem Ernten einfriert. Zum Einfrieren nimmt man am besten handelsübliche Plastikbeutel. Aber auch verschiedene Dosen aus Kunststoff oder Metall sind sehr gut geeignet. Aufpassen muss man allerdings, dass unter Umständen auch nur Teilmengen entnommen werden können. Will man Flüssigkeiten wie zum Beispiel Biestmilch (Seite 113), Auszüge usw. nur portionsweise entnehmen, können Eiswürfelbeutel ideal sein.

Bevor man sich aber für das Einfrieren entscheidet, sollte man andere Lager- und Konservierungsmethoden auf ihre Tauglichkeit hin prüfen. Schließlich sind die aufzuwendenden Energiekosten (und gegebenenfalls die Anschaffungskosten für einen extra Geflügel-Gefrierschrank, sofern man den in der heimischen Küche nicht nutzen möchte) nicht zu unterschätzen.

Einfrieren oder kühlen?

Sofort nach der Ernte eingefroren ist besser, als ein paar Tage im Kühlschrank aufbewahrt und dann verfüttert. Die wertvollen Inhaltsstoffe werden beim Einfrieren sofort konserviert.

DÖRREN UND TROCKNEN

Während bei der Kühlung und beim Einfrieren das Wachstum der Mikroorganismen unterbrochen wird, wird beim Dörren oder Trocknen die „Lebensgrundlage“ entzogen, und zwar durch das Verdunsten des im Superfood enthaltenen Wassers. Die Inhaltsstoffe bleiben weitestgehend erhalten. Aromen nehmen zwar ab, doch sind sie bei stark riechendem Superfood mit viel ätherischen Ölen auch nach dem Trocknen noch üppig vorhanden; typische Beispiele dafür sind Pfefferminze, Zitronenmelisse oder auch Zwiebeln.

Durch den Wasserverlust wird das Gewicht deutlich verringert und auch vom Volumen nimmt es gegenüber frischem Gut deutlich ab. Wird es nach dem Trocknen noch weiterverarbeitet, also beispielsweise gemahlen oder gerebelt, nehmen selbst große Mengen anschließend kaum noch Platz in Anspruch. Hinzu kommt eine fast unbegrenzte Haltbarkeit, sofern das Trocknen fachgerecht gemacht wurde. Das bedeutet, dass die Trockentemperatur für Kräuter nach Möglichkeit zwischen 35 und 46 °Celsius liegen sollte; dann hat man die Gewähr, dass die Inhaltsstoffe weitestgehend erhalten sind. Für Gemüse gilt etwa 52 °Celsius und für Obst 57 °Celsius. Solche genauen Werte sind natürlich nur in speziellen Dörrautomaten zu erreichen. In deren Beschreibungen sind dann auch meist genaue Angaben zur Dörrdauer von verschiedenen Produkten vorhanden.

Theoretisch ist der Backofen eine Alternative, wobei wirklich nur untere Temperaturen genutzt werden dürfen. Auf jeden Fall muss die Tür etwas geöffnet bleiben, damit die Feuchtigkeit entweichen kann. Bei Heißluftbacköfen kann man auf das Öffnen der Tür verzichten. Aber bedenken Sie: Das Trocknen im Backofen ist aus Umweltsicht nicht zu empfehlen, da Energieaufwand und Nutzen in keinem Verhältnis stehen.

In früheren Zeiten war das Dachgeschoss des Hauses oder auch ein Schuppen, manchmal nur mit Lückenlattung, der Ort, an dem getrocknet wurde. Voraussetzung für das Lufttrocknen ist natürlich, dass zum einen ein ausreichender Luftaustausch möglich ist und zum anderen es zu keiner zusätzlichen Feuchtigkeitsaufnahme kommt. Ein ausreichender Dachvorsprung kann hierzu manchmal schon ausreichen. Jedem Geflügelliebhaber

ist zu empfehlen, üppige Brennnesselbündel zu binden und sie zum Trocknen aufzuhängen. Da hier schon eine größere Menge an Grünmasse zusammenkommt, muss es schon beim Aufhängen auf jeden Fall mehr oder weniger trocken sein. In der Praxis heißt das, dass die Brennnesseln nicht in feuchtem Zustand oder gar bei Regen geerntet werden dürfen.

Im Grund können sämtliche Pflanzen gebündelt und kopfüber aufgehängt werden. Es ist bis heute die gebräuchlichste Methode geblieben. Einfach und mit wenig Aufwand lassen sich dadurch kleine wie üppige Mengen Superfood haltbar machen. Es ist ratsam, den Trocknungsprozess immer wieder zu kontrollieren und die Bündel zu drehen: Werden schimmelige Stellen entdeckt, muss das ganze Bündel weggeworfen werden. Will man beim Trocknen auf absolute Nummer sicher gehen, wird man um einen Dörrautomaten nicht umhin kommen.

1 Getrocknete Brennnesselbündel sind im Winter ideales Superfood.

2 Brot sollte zum Trocknen luftig gelagert und zerkleinert werden (links) und nicht in großen Stücken (rechts).

AUSZIEHEN

Das Einlegen in verschiedene Flüssigkeiten und das Erstellen von sogenannten Auszügen ist eine seit alters her gebräuchliche Art der Konservierung von Inhaltsstoffen. Je nach Methode wird das Gut über einen gewissen Zeitraum in Öl oder (bei Tieren selten) Alkohol sowie in Tee gelegt. Öl als Einlegeflüssigkeit hat den Vorteil, dass sich darin keine Mikroorganismen bilden können. Hinzu kommt, dass die enthaltenen Fettsäuren, seien sie nun gesättigt oder noch besser ungesättigt, für den tierischen Organismus wichtig sind. Für welches Öl man sich entscheidet, bleibt eigentlich jedem selbst überlassen. Da die im Handel angebotenen Olivenöl-Qualitäten teilweise ganz erheblich schwanken (Seite 109), haben sich in der Praxis Raps-, Distel- und Sonnenblumenöl durchgesetzt. Grundsätzlich ist aber jedes Speiseöl nutzbar. Die in das Öl eingelegten Pflanzen, Früchte oder Ähnliches sollte man im Anschluss nicht wegwerfen; sie können nach dem Abseihen des Öls ins Weich- oder Krümelfutter gemischt werden. Eine Überdosierung ist dabei nicht möglich. Doch wird in der Regel nur so viel Öl beziehungsweise ölhaltiges Einlegegut untergemischt, dass das Futter gut gebunden und es keine allzu schmierige Angelegenheit wird. Pro 800-ml-Futterdose kann etwa 1 EL Öl als Richtschnur angenommen werden.

Eine weitere klassische Flüssigkeit, um einen Auszug zu erstellen, ist Alkohol. Für Tiere kommt er natürlich fast nicht in Frage. Lediglich wenn der hergestellte Auszug in geringsten Dosen in Wasser gelöst wird, kann er genutzt werden. Ein typisches Beispiel dafür ist der Schwedenbitter (Seite 114).

Im Grund gehören auch Tees zum großen Komplex der Auszüge. Sie werden durch Überbrühen mit kochendem Wasser und nach entsprechender Ziehzeit entweder verdünnt oder pur zum Trinken gegeben. Gerade für Eintagsküken hat sich die Gabe von Kamillentee bewährt. Die heilende und beruhigende Wirkung von Kamille auf den Kropf-, Magen- und Darmtrakt ist bekannt. Einige Geflügelliebhaber gehen sogar dazu über und lassen zum Beispiel Getreide eine Nacht lang in Tee quellen, ehe sie es verfüttern.

Superfood von A – Z

SUPERFOOD FÜR ALLE

Die genannten Superfoods können an alle Geflügelarten verfüttert werden – es kommt lediglich auf die Zubereitung, vor allem auf den Grad der Zerkleinerung, an.

Geflügel ist variantenreich – genauso wie Superfood. Da gibt es Wachteln, Perlhühner, Enten, Gänse, Puten, Hühner, Zwerghühner und Tauben. Im weiteren Sinn kann, nein, muss auch das sogenannte Ziergeflügel gerechnet werden. Dazu zählt dann alles vom Pfau bis hin zum kleinen Rebhuhn und dem Diamanttäubchen. Nun könnte man meinen, dass es schwierig ist, für das jeweilige Geflügel das passende Superfood zu finden. Doch ganz das Gegenteil ist der Fall: Jegliches Superfood, das hier vorgestellt wird, kann sämtlichem Geflügel verfüttert werden. Lediglich Arten, die als ausgesprochene Fruchtfresser (Fruchttauben) gelten, sind Ernährungsspezialisten und sollten ausgenommen werden. Entscheidend ist einfach die Darreichungsform. Wer aber hier mit klarem Menschenverstand ans Werk geht, braucht keine Angst zu haben. Es liegt auf der Hand, dass zum Beispiel eine Pute mit ihrem massiven Schnabel problemlos etwas von einer Rote-Bete-Knolle abpicken kann. Eine Wachtel schafft das kaum – deshalb braucht sie aber auf die Wirkstoffe der Roten Bete nicht zu verzichten. Für die Wachtel wird die Knolle einfach zerkleinert, und zwar entweder geraspelt, klein gehackt oder gar püriert.

Grundsätzlich ist es auch möglich, Mischungen von Superfood herzustellen. Das hat den Vorteil, die Versorgung breit aufzustellen, also eine vielfältige Ernährung samt vielfältigen Inhaltsstoffen sicherzustellen.

Superfood unterstützt den Organismus, sodass es eigentlich immer vorbeugend gegeben wird und nicht, wenn Krankheiten aufgetreten sind. Ist das Tier erkrankt, sollte man natürlich zum Tierarzt gehen und nicht lange selber herumdoktern.

Haben Hühner freien Auslauf, finden sie viel Superfood selber.

GRÜNZEUG UND KRÄUTER

Geflügel fährt auf Grünzeug ab! Und zwar so ziemlich in jeder Form.

Leider stehen Grünzeug und Kräuter aber in den wenigsten Fällen ganzjährig frisch zur Verfügung. Um eine gewisse Haltbarmachung kommt man vor allem für die Wintermonate in der Regel kaum vorbei – bei Grünzeug und Kräutern ist hier zumeist das Trocknen das Mittel der Wahl. Und da besonders Vitamine und Mineralstoffe für den Organismus sehr wichtig sind, sollte man auf wertvolles Grünzeug auch zu dieser Zeit nicht verzichten.

Vor dem Zupicken wird genau fixiert.

ACKERSCHACHTELHALM

Ackerschachtelhalm sieht als Pflanze immer etwas unscheinbar aus. Umso gehaltvoller ist er in seinen Wirkstoffen. Besonders muss man hier die Kieselsäure nennen, da sie die Hornbildung positiv beeinflusst. Beim Geflügel heißt das, dass das Gefieder und auch die Knochen wesentlich davon profitieren. Zusätzlich hilft sie, entzündliche Stellen schneller abheilen zu lassen.

Am sinnvollsten ist es, einen Tee aus Ackerschachtelhalm herzustellen. Dieser kann problemlos ganzjährig, aber ganz besonders während der Mauserzeit gegeben werden.

BÄRLAUCH

Im zeitigen Frühjahr wächst der Bärlauch, die Umgebung ist von einem starken Knoblauchgeruch gesättigt. Verantwortlich dafür ist das Lauchöl, das neben viel Vitamin C der besondere Inhaltsstoff des Bärlauchs ist. Bärlauch ist eine der ersten Grünpflanzen, die im Frühjahr frisch verfüttert werden können – klar, die Pflanze beginnt etwa Ende März mit ihrem Wachstum.

Wenn man den Bärlauch vor der Blüte erntet, sind die Inhaltsstoffe

in den Blättern höher als während oder nach der Blütezeit. Sie wirken auf den Magen-Darm-Trakt und die Blutzusammensetzung beziehungsweise verhindern Blutgerinnsel. Nicht nur vom Geruch her, sondern auch von der Wirkungsweise ist Bärlauch fast identisch mit Knoblauch (Seite 82) – beim Knoblauch ist aber der Gehalt an Inhaltsstoffen noch höher.

Vorsicht: nicht verwechseln!

Bitte vor dem Verfüttern sich auf jeden Fall vergewissern, dass es sich auch wirklich um Bärlauch und nicht um giftige Maiglöckchenblätter handelt.

BEINWELL (COMFREY)

Beinwell ist eigentlich eine klassische Heilpflanze. Der hohe Eiweißanteil macht ihn aber auch fürs Geflügel interessant. Ins Futter gemischt, wird er sehr gerne gefressen. Natürlich sollte man sich aber auch die Heilwirkung für seine Tiere zunutze machen. Für die Knochen- und Zellbildung ist das enthaltene Allantoin wichtig. Deshalb sollte er besonders Jungtieren, gerade in den Wachstumsphasen, unbedingt verfüttert werden. Hinzu kommen Schleim- und Gerbstoffe, die im ganzen Organismus entzündungshemmend wirken. Diese Hilfe kann das Geflügel vor allem im Verdauungstrakt immer brauchen.

1 Bärlauch ist nur saisonal verfügbar und muss dann gesammelt werden.

2 Beinwell ist wieder im Kommen und lösst sich mit wenig Aufwand anbauen.

Borretsch ist nicht nur gesund, sondern blüht auch hübsch.

BORRETSCH

Früher war Borretsch in jedem Hausgarten zu finden. Alles, was die Hausfrau nicht für sich und die Familie brauchte, hat das Geflügel bekommen. Die Pflanze mit den reich behaarten Blättern sollte man am besten klein schneiden und unter das restliche Futter mischen.

Schleim- und Gerbstoffe sorgen dafür, dass Borretsch die Blutreinigung wesentlich fördert. Er löst Schleim in den Atemwegen, sodass sie wieder frei werden.

BREITWEGERICH

Während der Spitzwegerich (Seite 71) nach oben strebt, breitet sich der Breitwegerich bodennah aus. Er ist von der Blattstruktur wesentlich gröber und auch härter als sein schmalblättriger Verwandter. Deshalb frisst ihn das Geflügel auch kaum, wenn er im Auslauf wächst – ins Futter gemischt, nehmen die Tiere ihn aber auf. Von den Inhaltsstoffen her ist er mit dem Spitzwegerich vergleichbar: Vitamine sowie Gerbstoffe und Schleimstoffe mit antibiotischer Wirkung.

Da Breitwegerich die Grasnarbe einer Wiese massiv zerstören kann, ist es sinnvoll, ihn auszustechen und zu verfüttern. Dann hat man zwei Nutznießer: Zum einen kann sich die Grasnarbe erholen, zum anderen bekommt das Geflügel inhaltsreiches Superfood.

BRENNNESSEL

Während für viele die Brennnessel ein lästiges Unkraut darstellt, halten moderne Geflügelhalter immer nach schönen Beständen Ausschau. Brennnesseln haben einen immens hohen Eiweißanteil, vor allem die jungen Pflanzen. Deshalb sollte man sie im Frühjahr ernten, denn später erhöht sich ihr Rohfaseranteil. Das merkt man schon beim Ansehen: Während die jungen Brennnesseln ganz feine Blätter und Stängel haben, werden sie mit zunehmendem Alter immer derber.

Brennnesseln kann man zwar frisch verfüttern, doch sollten sie dann vorher zerkleinert werden. Ganz besonders in der Gänseaufzucht sind frische Brennnesseln unverzichtbar. Da die Erntemenge meistens sehr groß ist, ist es sinnvoll, Bündel zu machen und sie zum Trocknen aufzuhängen. Vor allem im Winter sind solche getrockneten

Brennnesseln richtige Powerpakete. Sie können dann entweder zerrieben und untergemischt oder als ganzes Bündel zum Abzupfen angeboten werden.

Brennnesseln sind super, und zwar in jeder Hinsicht. Besonders beliebt und supergesund sind auch die Samen. Nur beim Ernten sollte man Handschuhe tragen.

BROMBEERE

Eher durch Zufall ist mir aufgefallen, dass mein Geflügel völlig vernarrt in Brombeerblätter ist – und das, obwohl im Auslauf jede Menge Grünzeug wächst. Am Ende musste ich sie sogar vor dem Zugriff schützen, um auch für uns noch etwas Ernte zu haben. Wahrscheinlich wussten die Tiere, was sie gerade brauchen.

Die Beeren sind zwar vitamin- und mineralstoffreich; aufgrund ihres vorzüglichen Geschmacks essen wir sie aber meistens selber. Die Brombeerblätter hingegen werden dem Geflügel serviert: entweder frisch zum Abpicken oder man stellt einen Tee daraus her. Zum einen unterstützen Brombeerblätter die geregelte Darmtätigkeit und zum anderen schützen sie die Schleimhäute.

FENCHEL

Fenchelgemüse erinnert vom Geschmack her an ein „Hustenbonbon“ – so jedenfalls bezeichnen es unsere Kinder. Das ätherische Öl ist dafür verantwortlich. Die Pflanze kann als Ganzes und frisch verfüttert werden. Aber auch Tee und getrocknet kann sie voll überzeugen.

Hühner & Co. sind ganz vernarrt in Brombeerblätter. Natürlich lieben sie auch die Beeren...

Tauben lieben Fette Henne und picken große Teile davon ab.

Fürs Geflügel kommen vor allem zwei Aspekte in Betracht: einmal das Lösen von Schleim im Atem- und Verdauungstrakt und zum anderen die außerordentlich gute Wirkung auf Magen und Darm.

Bei Futterwechsel

Bei Futterumstellungen, die immer auch Einfluss auf den Magen und Darm haben, hilft Fenchel, die eventuell negativen Begleiterscheinungen abzumildern.

FETTE HENNE

Die Fette Henne wird als leicht giftig beschrieben. Mein Geflügel frisst sie aber besonders gern, und zwar pickt es sogar dann ausgiebig daran, wenn es anderes Grünzeug zur Verfügung hätte. Vergiftungserscheinungen habe ich jedenfalls noch nie beobachtet – dasselbe habe ich auch von vielen anderen Geflügelliebhabern gehört.

Die dicken Blätter und die Stängel besitzen einen hohen Schleimanteil, der positive Wirkung auf den Darmtrakt hat.

GÄNSEFINGERKRAUT

Probleme mit der Verdauung haben mit den größten Einfluss auf den Gesundheitszustand des Geflügels. Mit Gänsefingerkraut – entweder frisch oder als Tee – kann man helfen. Vor allem bei Durchfall kann es wirklich von Nutzen sein. Natürlich genügt es nicht, wenn man Gänsefingerkraut nur im Ernstfall gibt (obwohl man hier eine deutliche Verbesserung erreicht), es sollte sofern vorhanden ständig angeboten werden. Besonders hervorzuheben ist die krampflösende Wirkung von Gänsefingerkraut.

GIERSCH

Hinter unseren Johannisbeerbüschen wächst Giersch und selbst bei intensiver Ernte kann ich ihn kaum eindämmen. Er bildet innerhalb kürzester Zeit sehr viel Pflanzenmasse und ist deshalb ein sehr gutes Grünfutter. Vor allem auch zu Zeiten, wenn der Auslauf nicht mehr so viel hergibt. Am besten wird Giersch aufgenommen, wenn er klein geschnitten wird. Vitamine (C, A), Eiweiß, Kalium, Zink, Kalzium usw. gehören zu seinem Gesundheitspaket.

Lässt sich sehr gut trocknen

Da Giersch meistens in großen Mengen anfällt, sollte man Bündel aus ihm machen und zum Trocknen aufhängen. So, wie man es auch mit Brennnesseln macht.

Gänsefingerkraut hilft vorbeugend bei Durchfall.

1 Unscheinbar, doch mit großer Wirkung: Hirtentäschelkraut.

2 Ein Klassiker: Johanniskraut.

HIRTENTÄSCHELKRAUT

Das Gewöhnliche Hirtentäschelkraut – so der offizielle Name – ist eine sehr unscheinbare Pflanze und es ist schade, dass es bisher so wenig Beachtung findet. Das Kraut und auch der daraus gewonnene Tee entlasten die Leber, die Inhaltsstoffe können Giftstoffe binden und aus dem Körper ausspülen. Bei kleinen inneren Verletzungen, wie kleinsten Rissen im Darm, und Entzündungen wirkt Hirtentäschelkraut heilend.

JOHANNISKRAUT

Eine der wertvollsten Heilpflanzen ist mit Sicherheit das Johanniskraut. Sowohl die Pflanze als auch der daraus gewonnene Ölauszug sorgt für eine positive Stimmung; das heißt, es löst Verspannungen. Außerdem ist es entzündungshemmend und viele Inhaltsstoffe sorgen für einen besonders guten Blutkreislauf.

Geflügel unter Stress

Johanniskraut ist vor allem in Stresssituationen zu empfehlen, dazu gehören ein Stallwechsel oder der Zukauf neuer Tiere.

Kamille unterstützt den Oganismus auf vielfältige Weise.

KAMILLE

Bei Schnupfen, Magen-Darm-Problemen, Entzündungen usw. hat jeder von uns bestimmt schon einmal einen Kamillentee getrunken. Das sind die klassischen Einsatzgebiete der Echten Kamille – beim Menschen und auch beim Geflügel.

Ihre heilende und entzündungsstillende Wirkung ist große Klasse. Da Kamille einen durchaus stattlichen Preis hat und man sie immer auf Vorrat im Haus haben will, hat sich die Anwendung als Tee durchgesetzt. Das hängt auch damit zusammen, dass die heilenden Wirkstoffe durch die Wasserzugabe erst so richtig zur Geltung kommen. Der dabei übrig gebliebene Teesatz wird natürlich nicht weggeworfen, sondern kann abgekühlt ins Futter gemischt werden.

Kamille für Küken

Küken erhalten in der ersten Lebenswoche und darüber hinaus Kamillentee zum Trinken. Dadurch wird ihr Magen-Darm-Trakt geschont; schließlich wird er zum ersten Mal mit fester Nahrung konfrontiert. Übrigens, was für Küken gut ist, kann bei Alttieren nicht schaden.

LÖWENZAHN

Löwenzahn gehört zu den bekanntesten (Un-)Kräutern. Die gelb leuchtenden Blüten, die „Pusteblume“ und die gezackten Blätter kennt wirklich jeder. Um es auf einen Nenner zu bringen: Geflügel liebt Löwenzahn, und zwar sowohl die Blätter und Blüten als auch die Wurzel.

Luzerne sorgt für eine schöne Gelbfärbung des Eidotters.

Geradezu gigantisch ist der Gehalt an Vitamin K1, das besonders positive Wirkungen auf das Blut und den Knochenaufbau hat. Aber auch sonst sind im Löwenzahn so ziemlich alle Vitamine gebündelt, auch hinsichtlich des Mineralstoffgehalts ist Löwenzahn spitze.

Löwenzahn kann frisch als ganze Pflanze oder geschnitten verfüttert werden. Wer auf die Wirkstoffe im Winter zurückgreifen will, trocknet sie am besten, und zwar alles: von den Blüten über die Blätter bis hin zu den Wurzeln. Die Inhaltsstoffe gehen dabei allerdings im Vergleich zu anderen Pflanzen wesentlich stärker verloren. Zudem ist beim Trocknen unbedingt darauf zu achten, dass die Teile wirklich vollständig trocken sind. Gerade die Blüten und die Blattstängel sind immens fleischig und damit wasserreich.

LUZERNE

Luzerne bringt man wahrscheinlich in erster Linie mit Pferden in Verbindung. Aber auch fürs Geflügel ist sie ein nicht zu unterschätzendes Futtermittel. Getrocknet und zerkleinert kann sie in jegliches Futter gemischt werden, selbst an befeuchtetem Körnerfutter haftet zu Pulver zerriebene getrocknete Luzerne sehr gut. Frische Luzerne kann man auch bündeln und zum Abpicken anbieten.

Die in der Luzerne enthaltenen Karotine schlagen sich in einer sehr satten Dotterfarbe nieder. Nicht umsonst wird in der wirtschaftlichen Hühnerhaltung Luzernenmehl ins Legehennen-Alleinfutter gemischt. Der Eiweißgehalt ist ebenfalls nicht zu unterschätzen und hat in der Masthähnchenfütterung seine Berechtigung.

Auch als Pellets

Wer keine Chance hat, an frische Luzerne zu kommen, kann auch Luzernepellets kaufen, wie sie in der Pferdefütterung üblich sind. Sie können zerkleinert und alternativ gefüttert werden.

1 Eher unscheinbar sind Malven – für die Atemwege sind sie 1. Wahl.

2 Mariendistel sorgen für eine gute Entgiftung des Körpers.

MALVE

Ihr sehr hoher Schleimgehalt macht die Malve ideal für die Behandlung von Entzündungen der Atemwege beziehungsweise sorgt schon im Vorfeld für Schutz. Wenn man bedenkt, wie wichtig die Atemwege fürs Geflügel sind, kann man diesbezüglich gar nicht vorbeugend genug füttern. Die zusätzlich enthaltenen Gerbstoffe verhelfen zu einer gesunden Darmflora.

Trotz ihrer eigentlich hübschen Blüten sind die Malven recht unauffällige Pflanzen. Wenn man die Malve erst einmal „im Auge“ hat, ist man verwundert, wie oft man sie in freier Natur findet.

MARIENDISTEL

Kaum eine zweite Pflanze ist so für die Leberentlastung geeignet wie die Mariendistel, vor allem ihre Samen. Eine gute Leberfunktion wiederum ist für die Entgiftung des Organismus von entscheidender Wichtigkeit. Eine ständige Beimischung von Mariendistelsamen ins Körnerfutter ist deshalb unbedingt zu empfehlen. Selbstverständlich kann man auch die ganze Pflanze verfüttern. Aufgrund der Dornen sollte man sie aber stark zerkleinern (dabei auf jeden Fall Handschuhe tragen).

Einen Tee kann man übrigens aus der Pflanze nicht herstellen. Der Wirkstoffkomplex Silymarin ist kaum wasserlöslich, sodass fast nichts davon ins Teewasser übergeht.

OREGANO

Oregano hat es wohl als einzige Pflanze in die industrielle Geflügelhaltung geschafft. Seine Inhaltsstoffe sorgen dafür, dass Oregano wie ein natürliches Antibiotikum wirkt, und zwar in deutlich höherem Maß als alle anderen Pflanzen. Im Gegensatz zur Anwendung von Antibiotika beim Menschen sollte man dem Geflügel Oregano ständig vorbeugend geben, da es hier zu keinen Resistenzen kommt. Darüber hinaus hilft Oregano bei der Regulierung und Unterstützung der Darmflora.

Oregano hat es aufgrund seiner Wirkung sogar in die industrielle Futtermittelherstellung geschafft.

Und nicht zuletzt sorgen die ätherischen Öle dafür, dass die Atemwege frei bleiben. Die Futterverwertung wird verbessert und der Appetit gestärkt – alles in allem ist Oregano ein sehr wichtiges Superfood!

Der Handel bietet Oreganoöl an, dessen Inhaltsstoffe durch besondere Verfahren komprimiert wurden und somit intensiver im Vergleich zur frischen oder getrockneten Pflanze wirken. Man müsste also schon deutlich mehr Pflanzenteile verfüttern, um dieselbe Wirkung zu erzielen wie eine Oreganoölgabe. Da die Wirksamkeit aber bereits bei geringeren Mengen nachgewiesen werden kann, sollte man Oregano wann immer man die Möglichkeit dazu hat füttern. Oregano lässt sich im Garten problemlos anbauen. Wer eine höhere Wirkung möchte, sollte darauf achten, dass er die Wildform pflanzt. Die Oreganosorten, die standardmäßig für den Garten angeboten werden, haben weniger intensive Inhaltsstoffe – aber immer noch besser als völlig darauf zu verzichten.

Trocknet man ihn, sollte man darauf achten, dass er anschließend so aufbewahrt wird, dass sich die ätherischen Öle nicht verflüchtigen können. Ein luftdicht schließendes Gefäß ist hierfür ideal. Soll er frisch verfüttert werden, sollte man Oregano zerkleinern und am besten anderem Futter untermischen.

PETERSILIE

Die Stängel der Petersilie bleiben in den meisten Fällen übrig, wenn man die Blätter zum Würzen in der Küche verwendet. Sie sollte man aber nicht wegwerfen, sondern auf jeden Fall zerkleinern und unters Futter mischen. Einige Mineralstoffe und vor allem die Vitamine A und C unterstützen den Geflügel-Organismus.

PFEFFERMINZE

Wohl jeder kennt Pfefferminztee. Diesen trinken wir Menschen hauptsächlich, wenn wir Probleme mit den Atemorganen und dem Magen haben. Das in der Pfefferminze enthaltene ätherische Öl und die weiteren Wirkstoffe sind schleimlösend, entzündungsstillend und desinfizierend. Bei Magen- und Darmproblemen haben sie einen riesigen Vorteil: Sie wirken krampflösend. Das sollte man unbedingt nutzen, zumal Pfefferminztee vom Geflügel problemlos getrunken wird.

In der Saison kann natürlich auch frische Pfefferminze unters Futter gemischt werden, sodass ein Tee dann nicht nötig ist. Wird sie zerkleinert, werden auch die eher harten Stängel vollständig mitgefressen.

RINGELBLUME

Ringelblumen bringt man auf den ersten Blick bestimmt nicht mit Geflügel in Verbindung. Dabei ist es doch nur verständlich, dass man die seit ewigen Zeiten in der Volksmedizin bekannte Ringelblume mit all ihren positiven Eigenschaften auch fürs Geflügel entdeckt. Gesund sind die enthaltenen ätherischen Öle, weshalb Ringelblumen sogar als pflanzliches Antibiotikum gelten. Die Pflanzen haben eine entzündungshemmende Wirkung. Die entsprechenden Wirkstoffe sind vor allem in den Blüten gebündelt. Sie sollten deshalb bevorzugt verfüttert werden, und zwar entweder frisch ins Futter gemischt oder in Öl ausgezogen (Ölauszug, Seite 75). Aber auch Blätter und Stängel können bedenkenlos ins Futter gemischt werden und werden problemlos gefressen.

Aus Pfefferminze lässt sich nicht nur Tee herstellen. Man kann die Pflanze auch verfüttern.

Ringelblumen lassen sich sehr leicht aussäen und wachsen so ziemlich an allen Standorten, besonders gut jedoch in der Sonne. Dort bilden sie üppige gelbe und orangefarbene Blütenköpfe.

Top für Tauben

Taubenhalter schwören auf Ringelblumen bei der Bekämpfung von Trichomonaden. Mit den ätherischen Ölen der Ringelblume kommen die Geißeltierchen nicht zurecht, sie sterben ab beziehungsweise siedeln sich überhaupt nur sehr widerwillig an.

Rosmarin ist in der Geflügelfütterung eher unbekannt – schade eigentlich!

ROSMARIN

Rosmarin stammt ursprünglich aus dem Mittelmeerraum, ist aber in der Zwischenzeit kaum mehr als Gewürz aus unseren Küchen wegzudenken: Wohl jeder kennt den intensiven Geruch, den Rosmarin verströmt. Das kommt von seinen ätherischen Ölen, sie besitzen eine pilz- und bakterienhemmende Wirkung. Darüber hinaus helfen sie, die Luftwege frei zu halten. Sie lösen Schleim und haben eine heilende Wirkung auf entzündete Körperregionen.

Rosmarin kann getrocknet oder frisch verfüttert werden. Werden viele frische Zweige in Öl eingelegt, kann die Wirkung des Öls noch erhöht werden.

SALAT

Salat ist vielfältig: Er reicht vom üblichen Kopfsalat über Endivien, Lollo Rosso usw. bis hin zum winterharten Zuckerhut. Hier fallen immer wieder Blätter und Strünke ab. Auch „geschossener" Salat, also solcher, der zu blühen und Samen auszubilden beginnt, kann bedenkenlos verfüttert werden. Fürs Geflügel ist Salat jeglicher Art geradezu ideal – auch um die Tiere zu beschäftigen, denn voller Begeisterung pickt das Geflügel drauflos. Aufgrund des sehr hohen Wasseranteils verfüttert man ihn am besten pur. In Mischungen fällt er stark zusammen.

Von den Inhaltsstoffen her ist Salat kein Überflieger, selbst die Vitaminmenge ist im Vergleich zu anderem Grünzeug überschaubar. Jedoch hat er durch seine eigentlich ständige Verfügbarkeit und die Begeisterung des Geflügels für ihn seine Berechtigung.

SANDDORN

Eher unscheinbar kommen die Sanddornbeeren mit ihrer gelblich orangenen Färbung daher. Bei Ziervogelzüchtern heiß begehrt, haben sie bisher fürs Geflügel kaum eine Rolle gespielt. Das ist völlig unverständlich, da sie mit einem wirklich riesigen Vitamin-C-Gehalt aufwarten. Auch die anderen Vitamine sind im Überfluss vorhanden, sodass selbst kleine Mengen als Zugabe zum restlichen Futter reichen, um die Vitaminversorgung zu optimieren.

Auch hinsichtlich der Mineralstoffe ist Sanddorn top.

Sanddornfrüchte kann man frisch geben, für den Winter kann man sie einfrieren oder Saft gewinnen. Die dornigen Pflanzenteile werden aufgrund der Verletzungsgefahr nicht verfüttert. Auch ist ein Sanddornstrauch im Zugangsbereich des Geflügels ungeeignet, denn Picken die Tiere selbstständig nach den Beeren, kann es zu Verletzungen kommen.

SCHAFGARBE

Schafe lieben Schafgarbe – vom Geflügel kann man das beim besten Willen nicht behaupten. Ehrlich gesagt bleibt die Schafgarbe als ganze Pflanze vom Geflügel mehr oder weniger unberührt. Die tolle Wirkung, die sie auf den Magen-Darm-Trakt hat, sollte man den Tieren trotzdem nicht vorenthalten. Zumal Schafgarbe fast überall wächst und mit wenig Aufwand geerntet werden kann. Trocknen oder frisch zerkleinern und dann dem Futter untermischen, ist ein gangbarer Weg.

Eine wahre Vitamin-C-Bombe sind Sanddornbeeren.

Will man Schafgarbe verfüttern, sollte man sie zerkleinern und untermischen.

SCHNITTLAUCH

Schnittlauch ist jedem bekannt und lässt sich mit wenig Aufwand auch auf begrenzter Fläche gut ziehen. Die Inhaltsstoffe sind bei allen Lauchgewächsen, wozu auch die Zwiebel gehört, ziemlich identisch; lediglich in der Konzentration bestehen Unterschiede. Schnittlauch unterstützt und schützt den Organismus vor Pilzen, Viren und Bakterien in gleicher Weise wie die Zwiebel (Seite 87), ebenso stärkt er die Atemwege.

Man kann Schnittlauch frisch verfüttern, trocknen oder einfrieren. Auf jeden Fall sollte man ihn vorher schneiden. Die Stücke sollten dabei nicht allzu lang sein, um im Schlund keine Probleme zu bereiten. Schnittlauch wird vom Geflügel so gerne gefressen, dass man ihn ruhig als gesunden Leckerbissen immer wieder geben sollte – echtes Superfood also.

Das kann man auch vom Wilden Schnittlauch sagen. Dieser wächst auf den Wiesen und fällt kaum auf – nur einmal im Jahr, wenn alles Gras noch tief in der Kälte schläft, ragt er im Januar und Februar büschelweise heraus. Er ist farblich meistens etwas weniger intensiv grün und die Halme sind nicht so dick wie der Schnittlauch im Beet oder Kräutertöpfchen. Das macht aber nichts. Wilder Schnittlauch ist oft das erste frische Grün, das man seinem Geflügel anbieten kann. Leider sind die Mengen meistens so klein, dass es nicht mehr als ein Vorbote der besseren Jahreszeit ist.

SONNENBLUME

Sonnenblumen sind Sonnenkinder. Bei strahlendem Sonnenschein strecken sie ihre dicken Blüten, die im Inneren voller Sonnenblumenkerne sind, der Sonne entgegen. Farblich können die Sonnenblumenkerne variieren: von reinschwarz bis hin zu adrett gestreift. Große Mengen an ungesättigten Fettsäuren und ein hoher Vitamingehalt machen sie so beliebt. Geflügel frisst sie sowohl mit als auch ohne Schale. Durch die Schale ist der Ballaststoffanteil höher, was wiederum der Darmtätigkeit zugutekommt.

Neben vollständig ausgereiften Kernen solo kann man Geflügel auch ganze Blütenköpfe mit halbreifen oder voll ausgereiften Kernen vorsetzen. Es ist auffällig, wie gierig die Tiere danach picken. Selbst die Restpflanze, also Stängel und Blätter, können problemlos verfüttert werden. Am besten zerkleinert man alles und gibt es dann unter das restliche Futter. Die Stängel sind meistens so dick, dass man sie auch der Länge nach aufschneiden und dann zum Herauspicken des Stängelmarks anbieten kann.

1 Allzu viel Scheinsonnenhut sollte nicht verfüttert werden. Dann ist er schädlich.

2 Spitzwegerich ist überall zu finden.

SCHEINSONNENHUT (ECHINACEA)

Echinacea ist eine schöne Staude, sie hat eine stärkende Wirkung auf das Immunsystem. Aber Achtung: Während das andere genannte Superfood nicht überdosiert werden kann, ist das bei Echinacea anders. Füttert man zu viel davon, kann sich die stärkende Wirkung ins Gegenteil umkehren. Untersuchungen mit Testfütterungen haben gezeigt, dass der Anteil an der Gesamtfutterration nicht mehr als 0,5 Prozent betragen sollte. Aufgrund der nachgewiesenen Immunstärkung sollte man Echinacea aber dennoch verfüttern – eben in Maßen. Entweder man gibt die gesamte Pflanze oder speziell hergestellten Echinaceasaft aus dem Fachhandel oder der Apotheke.

SPITZWEGERICH

Es gibt kaum eine Wiese, auf der kein Spitzwegerich wächst. Vielleicht liegt es an dieser Häufigkeit seines Auftretens, dass man ihn kaum mehr beachtet. Dabei sind seine Inhaltsstoffe so gut, dass man ihn eigentlich ständig ins Hühnerfutter mischen sollte. Klein geschnitten kann man ihn problemlos frisch verfüttern. Er lässt sich aber auch sehr leicht trocknen und steht deshalb auch im Winter mit seiner Wirkung zur Verfügung. Die Samen sind ebenfalls sehr beliebt. Gerb- und Schleimstoffe sind besonders wichtig, sie haben antibiotische Wirkungen und schützen die Schleimhäute. Üppige Vitaminkonzentrationen tun ein Übriges, damit die Abwehrstoffe des Gesamtorganismus gestärkt werden.

Tagetes blühen nicht nur schön, sondern sind auch Superfood fürs Geflügel.

TAGETES (STUDENTENBLUME)

Die Studentenblume, die heute viele Gärten und Blumenkästen schmückt, ist ein viel zu selten genutztes Superfood. Spätestens wenn man einmal live erlebt hat, wie sich Geflügel über Tagetes hermacht, wird man sie gerne verfüttern.

Ein aus Blüten und sämtlichen anderen Pflanzenteilen hergestellter Tee hilft gegen eine Verschleimung der Atemwege. Aber auch im frischen Zustand hat die Tagetes einiges zu bieten, hier vor allem die Blüten. Dort ist der natürliche Farbstoff Lutein enthalten – es ist erstaunlich, wie intensiv gelborange das Eidotter durch das Füttern von Tagetes wird. Deshalb wird Tagetes auch in der industriellen Hühnerhaltung eingesetzt.

VOGELMIERE

Der Name verrät schon, welche Tierart besonders auf sie abfährt. Auch die anderen Namen wie Hühnerdarm, Hühnerabbiss oder Kanarienvogelkraut deuten darauf hin. Die unscheinbare Vogelmiere wächst eigentlich überall; sie liebt aber stickstoffreiche Böden und wird dort sehr üppig und dicht. Bei mir zu Hause wächst sie vor allem am Komposthaufen.

Trotz ihrer Kleinheit ist sie sehr reich an Mineralstoffen, Schleimstoffen und verschiedenen Vitaminen. Die Vogelmiere regt die Verdauung und den Stoffwechsel an. Deshalb sollte man sie immer füttern, wenn man sie bekommt. Das Geflügel ist so erpicht darauf, dass man es ihnen frisch geben kann. Es wird nichts übrig bleiben.

WEIßDORN

Weißdornbüsche sind besonders knorrige Erscheinungen und nicht besonders schön. Zum Hingucker werden sie erst, wenn sie über und über mit den roten Beeren behangen sind. Das Ernten ist zwar mühsam, doch lohnt es sich.

Die Wirkstoffe der Weißdornbeeren zielen hauptsächlich darauf ab, den Blutkreislauf und Blutdruck zu regulieren. Dadurch wird die Leistungsfähigkeit gesteigert. Außerdem können Stressfaktoren weniger Einfluss nehmen; das wiederum sorgt für eine Entspannung der Tiere und somit für eine geringere Krankheitsanfälligkeit.

Die Beeren werden direkt frisch verfüttert oder zerkleinert oder auch ganz im Futter. Man kann sie natürlich auch trocknen oder einfrieren für die Zeit, wenn keine frischen Beeren zur Verfügung stehen.

1 Geflügel fährt auf Vogelmiere ab.

2 Weißdorn sorgt für Entspannung.

Bärlauch-„Pesto“

- frischer Bärlauch
- Öl, zum Beispiel Sonnenblumen-, Oliven- oder Distelöl

Im zeitigen Frühjahr wächst Bärlauch sehr üppig in der Natur. Sammeln Sie ihn frisch und schneiden Sie ihn klein. Geben Sie ihn in einen Mixer oder Tischkutter und nur so viel Öl dazu, dass sich nach dem Pürieren ein eher dickflüssiges „Pesto“ ergibt. Dieses füllen Sie in Gläser ab und stellen es dunkel. Damit ist es bis zur nächsten Ernte haltbar. Wenn Sie die Gläser vakuumieren können, erhöht sich die Haltbarkeit.

Das Pesto das ganze Jahr über immer wieder ins Mischfutter geben oder ans Körnerfutter binden (in diesem Fall mit Futterkalk o. Ä. abbinden). 2 EL „Pesto“ auf 2 kg Futter sind hier ausreichend. Vor allem für die Winterzeit, wenn kein frisches Grün zur Verfügung steht, ist das Bärlauch-„Pesto“ ein toller Vitaminspender.

1 Frischer Bärlauch ist im Frühjahr leicht zu finden.

2 Das Pesto sollte in verschließbare Gläser gefüllt werden.

Ringelblumenöl

- Ringelblumenblüten
- Öl, zum Beispiel Sonnenblumen-, Oliven- oder Distelöl

Ernten Sie die Ringelblumenblüten in voller Sonne, das heißt wenn die Blüten in vollem Saft stehen. Die Stängel und Blätter erhält das Geflügel frisch zum Abpicken oder klein geschnitten. Die Blüten werden in ein verschließbares Glas oder eine Flasche gegeben, sodass sie locker geschichtet sind, das Gefäß aber voll ist. Gießen Sie nun das Öl so darüber, dass die Blüten vollständig bedeckt sind. Ich persönlich stelle das Gefäß auf die Fensterbank, sodass es direkter Sonneneinstrahlung ausgesetzt ist – andere stellen es auch dunkel. Hier gibt es keine feste Regel.

Nach drei bis vier Wochen wird das Öl abgefiltert und zur Aufbewahrung zur Seite gestellt. Die ausgezogenen Blüten werden dem Futter untergemischt. Ringelblumenöl ist als natürliches Antibiotikum bekannt und unterstützt die Heilung bei Entzündungen – das kommt vor allem dem Rachen- und Magen-Darm-Trakt entgegen. Taubenzüchter nutzen Ringelblumenöl als Vorbeugung gegen Trichomonaden: 2 EL auf 2 kg Futter sind eine gängige Dosierung.

Ringelblumenblüten sind eine Zierde in jedem Garten und dazu ungeheuer gesund.

FRÜCHTE UND GEMÜSE

Wir alle wissen, dass Früchte und Gemüse für eine gesunde Ernährung von großer Bedeutung sind – das gilt für den Menschen genauso wie fürs Geflügel.

Apfelscheiben lassen kein Huhn kalt.

In der Regel werden Obst und Gemüse roh verfüttert, sodass kein Verlust an wertvollen Inhaltsstoffen durch Hitze zu verzeichnen ist. Wer immer die Möglichkeit hat, etwas selbst anzubauen, sollte es tun. Oder aber er sollte wissen, woher die Produkte stammen: Bioqualität ist eindeutig vorzuziehen – das sage ich aus eigener Erfahrung. Während zum Beispiel im Supermarkt gekaufte Karotten im Kühlschrank innerhalb von zwei bis drei Tagen vollständig schwarz wurden, blieben auf die gleiche Weise gelagerte Biokarotten mehrere Wochen tadellos. Auch vom Geschmack her lagen Welten dazwischen.

Gerade bei Früchten und Gemüse ist es oft so, dass das Geflügel die Reste aus der Küche erhält. Es wäre schade, wenn zum Beispiel die Schalen von Karotten und Roter Bete oder die Abschnitte von Kraut und Salat nicht verwertet werden würden. Darüber hinaus können natürlich auch ganze Früchte oder Gemüse verfüttert und verarbeitet werden. Gerade wenn es um die Vorratshaltung und die Herstellung von besonderen Rezepten geht, kommt man daran nicht vorbei.

APFEL, BIRNE UND CO.

Äpfel, Birnen, Pflaumen (Zwetschgen) – alle haben einen hohen Vitamin- und Mineralstoffgehalt, ganz besonders viel Pektin – aber auch Feuchtigkeit. Besonders erwähnenswert ist ihre Bedeutung für den Magen-Darm-Trakt. Geflügel, das vor allem Äpfel frisst, hat einen funktionierenden Darm. Der Spruch „an apple a day keeps the doctor away" gilt auch uneingeschränkt fürs Federvieh. Fressen sie aber zu viel davon, kann ein etwas weicherer Kot die Folge sein. Hier kann man durch die Gabe von Mehlfutter gegensteuern.

Gerade fürs Geflügel ist Obst auch ideal als Beschäftigungstherapie: Solange sie in einen Apfel picken, picken sie sich nicht gegenseitig die Federn aus. Ganze Früchte werden einfach mit dem Schuh zerdrückt (gerade im Auslauf bietet sich das an) oder halb durchgeschnitten, um den Tieren eine Angriffsfläche zu bieten. Im Stall haben sich eingeschlagene Nägel in der Wand bewährt, auf die in der Regel halbe Früchte gesteckt werden. Das verhindert, dass die Früchte durch die Einstreu gezogen werden.

Äpfel und Birnen lassen sich in einem Keller oder frostfreien Schuppen sehr leicht über den Winter frisch halten. Mögliche faulige Stellen sollten großzügig herausgeschnitten werden, bevor die Früchte verfüttert werden.

Aroniabeeren sind als wahre „Wunderbeeren" bekannt.

ARONIABEERE

Sie ist als Wunderpflanze beziehungsweise Wunderbeere auf einmal in unser Bewusstsein getreten. Sie stammt ursprünglich aus Kanada und hat den Weg schon lange nach Mitteleuropa gefunden. Die kleinen schwarzen Beeren wachsen an winterharten Büschen und können sowohl frisch als auch getrocknet verfüttert werden.

Wenn eine Pflanze als Wundermittel gilt, dann muss man sie unter die Lupe nehmen. Drei Inhaltsstoffe sind bei der Aroniabeere ganz besonders hervorzuheben. An erster Stelle steht eine riesige Ansammlung von Vitaminen. Man kann die Beere fast als Multivitamin-Präparat bezeichnen. Dann Flavonoide und Phenol. Sie können die Entgiftung des Organismus maßgeblich beeinflussen, was für die Gesundheit ein entscheidender Faktor ist. Dazu kommen Mineralstoffe und sogenannte sekundäre Pflanzenstoffe, die alle eine wichtige Vorsorge gegen Mangelerscheinungen darstellen und damit das Wohlbefinden unterstützen.

Zubereitungstipps

Entsaften Sie die Aroniabeeren und mischen Sie den Saft ins Trinkwasser. Die Beerenreste können Sie problemlos unters Futter mischen.

Futterrüben dienen eher der Beschäftigung.

FUTTERRÜBE (RUNKELRÜBE)

Die gute alte Runkelrübe gerät immer mehr in Vergessenheit. In der Geflügelfütterung hatte sie sowieso eigentlich nie eine besondere Bedeutung – von den Stücken abgesehen, die die Hennen den Kühen durch Picken im Trog abgerungen haben. Futterrüben bestehen zu großen Teilen aus Wasser. Ihr Nährwert für das Geflügel ist deshalb eigentlich gering, einige Mineralstoffe sind jedoch enthalten.

Die Futterrübe hat aber gerade bei längeren Stallhaltungsphasen, die eventuell auch aufgrund der Vogelgrippesituation auf Geflügelhalter zukommen können, durchaus ihre Chance verdient. Auch hier gilt nämlich die Devise, dass Beschäftigung (Picken) von Untugenden abhält.

GRÜNKOHL

Während im Norden Deutschlands Grünkohl ein fester Bestandteil der Ernährung ist, findet man ihn im Süden kaum einmal auf dem Mittagstisch. Das hat zur Folge, dass man in diesen Regionen auch nach Setzlingen die Augen schon weit offen halten muss. Dabei verdient Grünkohl die Bezeichnung Superfood wie kaum eine zweite Pflanze. Jeder Geflügelhalter sollte also alles unternehmen, um seinem Geflügel Grünkohl anbieten zu können.

Wer die Chance hat, sollte ihn selber anbauen. Grünkohl hat nämlich den riesigen Vorteil, dass er selbst im Winter problemlos draußen auf

Grünkohl lässt sich auch im Winter frisch verfüttern, da ihm auch Schnee und Kälte nichts ausmachen.

dem Beet bleiben kann. Selbst Schnee und Frost kann ihm nichts anhaben. Grünkohl ist deshalb ein Grünfutter, das auch im Winter frisch angeboten werden kann. Die Pflanze verträgt es übrigens auch, dass man ihr immer nur einzelne Blätter abnimmt, die Pflanze wächst weiter.

Aufgrund seiner Inhaltsstoffe sollte man sich bei Grünkohl aber nicht nur auf den Winter konzentrieren, sondern ihn bei jeder anderen Gelegenheit untermischen oder roh anbieten. Grünkohl überzeugt nämlich durch sehr hohe Kalziumwerte, Vitamin C und A und er besitzt beachtlich viel Eiweiß für ein Gemüse, dazu weitere Vitamine und Mineralstoffe. Hinzu kommen Ballaststoffe, die die Verdauung unterstützen. Man kann es ruhig so zusammenfassen: Grünkohl deckt mit seinen Inhaltsstoffen einen Großteil der Stoffe ab, den der Geflügelorganismus braucht.

HAGEBUTTE

Die Beeren der roten Heckenrose, die Hagebutten, vergisst man leider viel zu häufig in der Geflügelfütterung. Vitamin C ist der bekannteste Inhaltsstoff, hinzu kommen viele weitere Vitamine und Mineralstoffe.

Hagebutten können frisch oder getrocknet verfüttert werden. Wichtig ist immer, dass auch die Kerne mit verfüttert werden. Sie besitzen mehrfach ungesättigte Fettsäuren.

1 Hagebutten haben einen hohen Vitamin-C-Gehalt.

2 Rohe Holunderbeeren sind fürs Geflügel nicht giftig.

Viele Rosenarten bilden Hagebutten aus und natürlich kann man auch diese verfüttern, sofern sie nicht gespritzt sind. Bezüglich der Inhaltsstoffe können sie es aber mit der Hagebutte der Heckenrose leider nicht aufnehmen.

HOLUNDER

Jeder Geflügelhalter, der etwas auf sich hält, hat mit Sicherheit einen Holunderbusch im Auslauf. Er gibt Schatten, wertvolles Laub und Beeren.

Aus den jungen Blättern kann man einen Tee machen, der blutreinigend wirkt. Aus den Beeren sollte man Saft kochen. Dieser hat einen ungemein hohen Vitamingehalt; er kann dann ins Futter gemischt werden – vor allem im Winter ist diese Vitaminquelle nicht zu unterschätzen. Die ausgekochten Beeren können ebenfalls verfüttert werden. Neben den Vitaminen sind ätherische Öle und Flavonoide als Inhaltsstoffe hervorzuheben.

Geflügel kann übrigens auch rohe Beeren fressen. Während sie bei uns Menschen zu Durchfall und Unwohlsein führen können, beobachtet man dies beim Geflügel nicht.

INGWER

Ingwer bekommt eine immer größere Bedeutung, seit man entdeckt hat, dass er gegen Magenverstimmungen und Stoffwechselstörungen hilft. Durch seine ätherischen Öle wirkt er zudem schon bei der Aufnahme positiv auf die oberen

Luftwege, was beim Geflügel besonders wichtig ist.

Puren Ingwer sollte man seinem Geflügel nicht zumuten. Ingwerwasser ist eine sinnvolle Alternative. Dafür werden 2 l Wasser aufgekocht. Wenn es nicht mehr sprudelt, werden fünf bis sechs 1 cm breite Ingwerstücke hineingegeben und bis zum Erkalten ziehen gelassen. Dieses Ingwerwasser gibt man seinen Tieren zweimal wöchentlich als alleiniges Trinkwasser.

JOHANNISBEERE

Johannisbeeren haben für Geflügel mehrere positive Wirkungen, an erster Stelle steht die Stärkung des gesamten Immunsystems. Sie haben einen sehr hohen Vitamin-C-Gehalt und auch sonst wissen sie mit vielen Vitaminen aufzuwarten. Hinzu kommt Beta-Karotin und ein hoher Kalziumanteil. Friert man die Beeren ein, stehen einem auch im Winter wertvolle Vitaminlieferanten zur Verfügung. Fürs Geflügel kommen vor allem auch die kleinen und in kühlen Jahren eher sauren Beeren in Betracht, die für den menschlichen Verbrauch meistens nicht verwendet werden.

Wer einen Johannisbeerstrauch in seinem Hühnerauslauf stehen hat, braucht sich um die Ernte meistens keine Gedanken zu machen. Die Hühner machen regelrechte Luftsprünge und picken exakt eine einzelne Beere. Sie hören nicht auf, bevor auch die letzte Beere geerntet wurde.

Jedes noch so kleine Beerchen wird aufgenommen.

KARTOFFEL

Rohe Kartoffeln sind giftig, sodass Kartoffeln nur in gekochtem Zustand verfüttert werden dürfen. Die Inhaltsstoffe der Kartoffeln sind ungemein hochwertig: Ballaststoffe, Eiweiß mit vielen verwertbaren Aminosäuren, Vitamine (unter anderem C, B1, B2) und Mineralstoffe. Sie sind für einen gesunden Organismus unverzichtbar.

Mischt man gekochte Kartoffeln mit Schrot, erhält man ein sehr wertvolles Futter. Aufpassen muss man allerdings, dass die Tiere nicht zu viel davon erhalten, sonst verfetten sie. Selbstverständlich können auch Kartoffelschalen und -reste, die in der Küche anfallen verwendet werden, sofern sie gekocht sind.

Keine rohen Schalen

Rohe Kartoffelschalen sollten Sie kurz aufkochen, bis sie weich sind. Danach sind die Schalen soweit gegart, sodass sie bedenkenlos verfüttert werden können.

KNOBLAUCH

Die Stärkung der Abwehrkräfte, die kräftigende Wirkung auf den Blutkreislauf, die Nutzung als natürliches Antibiotika und nicht zuletzt die Bekämpfung von Darmschmarotzern (Würmern) macht Knoblauch zu einem Superfood der ganz besonderen Art. Knoblauch gehört deshalb unbedingt zum Standardrepertoire der Geflügelfütterung. Der starke Geruch schreckt das Geflügel übrigens nicht ab.

Knoblauch kann zerkleinert ins Futter gemischt werden. Eine Knoblauchzehe in der Tränke oder zerdrückter Knoblauch in Öl gelöst sind weitere Möglichkeiten.

KOHL (KRAUT)

Kohl ist ungeheuer vielfältig – hier sind zunächst Weiß- und Rotkohl gemeint. Sie kennt man auch unter den Namen Weiß- und Blaukraut. Die Kohlköpfe punkten durch ihre große Masse für relativ kleines Geld.

Von den Inhaltsstoffen her sind Weiß- und Rotkohl fast identisch: Viele unterschiedliche Vitamine,

Knoblauchmischung zur Blutreinigung

- 2 Knoblauchknollen
- 1 große Tasse Obstessig
- 4 EL Honig

Die Knoblauchknollen schälen und in einen Mixer geben. Eine große Tasse Obstessig und den Honig dazugeben. Alles gut vermischen. Den daraus entstandenen Brei können Sie in einem Glas im Kühlschrank aufbewahren.
1,5 EL auf ein Kilogramm Körnerfutter.

reichlich Ballast- und Mineralstoffe machen Kohl so wertvoll. Vor allem im Darm kommt seine Wirkung besonders zur Geltung. Die Tätigkeit des Darmes wird angeregt, was für die Gesamtgesundheit entscheidet ist.

Geflügel pickt nicht gerne von ganzen Kohlköpfen oder -blättern. Deshalb ist es sinnvoll, ihn zu zerkleinern. Kohl lässt sich gut einkellern, weshalb er gerade im Winter ein wertvoller, frischer Vitaminspender ist, der außerdem als Grünfutterersatz in der dunklen Jahreszeit dienen kann.

KÜRBIS

Geflügel ist ganz vernarrt in Kürbis. Sie picken intensiv das Fleisch und auch die Kerne. Das heißt, dass die Abschnitte des Kürbisses aus der Küche auf jeden Fall das Geflügel bekommt. Hat man einen Komposthaufen, kann man sich überlegen hier eine Kürbispflanze einzusetzen. Damit hat man bis weit in den Winter hinein ein sehr wertvolles Superfood für sein Geflügel. Einige Wochen bis Monate – je nach Sorte – hält sich Kürbis im Keller.

Auch wenn Wasser der Hauptbestandteil des Kürbisses ist, wissen auch die anderen Inhaltsstoffe zu überzeugen: Ballaststoffe, ein hoher Eiweißgehalt, zahlreiche Vitamine und Magnesium, um nur einige zu nennen, machen ihn so wertvoll. Der hohe Ölgehalt in den Kernen soll verhindern, dass sich Darmparasiten einnisten können.

Die Ecke am Komposthaufen ist für den Kürbis geradezu ideal.

Kürbis wird roh, entweder in großen Stücken frei zum Picken oder zerkleinert ins Futter gemischt angeboten.

MARKSTAMMKOHL (FUTTERKOHL)

Beim Namen Futterkohl wird seine Hauptverwendung deutlich. Da verwundert es nicht, dass Markstammkohl in früheren Zeiten wesentlich häufiger angebaut wurde und erhältlich war als heute. Die Pflanze kann bis zu 2 m hoch werden und ist frostsicher. Das heißt, dass sie selbst im Winter noch geerntet werden kann – der Anbau lohnt sich also (eigentlich wird es höchste Zeit, dass Markstammkohl wieder die Bedeutung erhält, die ihm zusteht).

Da die Blattmasse einer Pflanze recht groß ist, können einzelne Blät-

Markstammkohl findet man heute leider viel zu selten.

ter je nach Bedarf geerntet und verfüttert werden. Selbst der Strunk kann verfüttert werden. Aufgrund seiner Härte sollte er allerdings zerkleinert werden.

Wie die anderen Kohlarten enthält auch Markstammkohl große Mengen an Vitaminen – vor allem K und C, außerdem Eisen, Magnesium und Karotin. Seine Ballaststoffe wirken auf die Darmtätigkeit.

MEERRETTICH

Frisch geriebener Meerrettich treibt einem die Tränen in die Augen. Wenn die Wurzeln im Herbst und Winter frisch geerntet werden, sind die Inhaltsstoffe, wozu jede Menge Senföl gehört, am höchsten. In getrocknetem Zustand sind diese nicht mehr in vollem Umfang vorhanden, sie verflüchtigen sich. Ein Dörren kommt beim Meerrettich deshalb nicht in Frage.

Die Öle haben positive Wirkungen auf die Atemwege. Die Ausbreitung von Pilzen, Bakterien und sogar Viren im Verdauungstrakt wird deutlich gehemmt, die Darmtätigkeit angeregt. Damit kommen Darmparasiten nicht besonders gut zurecht, sodass Meerrettich selbst gegen diese Schmarotzer wirkt.

Ich schneide die Meerrettichwurzel klein oder muse sie und gebe sie dann ins Krümelfutter. In dieser Form wird Meerrettich auch problemlos vom Geflügel gefressen.

Meerrettich einfrieren

Stechen Sie Meerrettichwurzeln von September bis Februar aus. Schneiden Sie sie in Stücke und frieren Sie sie ein. Je nach Bedarf können sie entnommen und weiterverarbeitet werden.

MÖHRE (KAROTTE)

Einfach und günstig zu bekommen und in der Geflügelfütterung im Grund unverzichtbar: die Möhre. Schon die Küken bekommen sie. Hohe Ballaststoffwerte für die Verdauung und viel Beta-Karotin – eine Vorstufe des Vitamin A – machen sie so wertvoll.

Möhren kann man fein reiben und zum Beispiel mit Quark anbieten oder in Mehlfutter einarbeiten. Der Wassergehalt der Möhre sorgt dafür, dass perfektes Krümelfutter entsteht. Selbst ganze Karotten werden vom Geflügel mit dem Schnabel so intensiv bearbeitet, dass nichts übrig bleibt.

Geflügel auf Diät

Möhren sind ideales Superfood, um Geflügel etwas abzuspecken. Die Fettdepots schmelzen bei reiner Möhrenfütterung für vier bis fünf Tage regelrecht dahin. Die Inhaltsstoffe sorgen dafür, dass die Gesundheit der Tiere dabei nicht leidet.

PASTINAKE

Lange Zeit fast vergessen, kommt die Pastinake wieder in Mode. Damit erlangt sie auch wieder Bedeutung fürs Geflügel. Die Pastinake wird für den menschlichen Verzehr geschält – nun wäre es wirklich schade, man würde die Schalen wegwerfen. Lieber gibt man sie dem Geflügel: Pastinake besitzt viel Kalium, Kalzium und Vitamine des B-Komplexes.

ROTE BETE

Viele Vitamine (C, B-Komplex, K1, A ...) und Mineralstoffe (Schwefel, Kalzium, Eisen ...) machen die Rote Bete zu einem sehr geeigneten Superfood fürs Geflügel. Sie bewirkt eine beachtliche Stärkung des Immunsystems, und zwar auf ganzer

Wurzelgemüse wie Pastinaken und Karotten sind beliebtes Superfood.

Breite. Sie können freie Radikale binden und aus dem Körper entfernen. Das Ausleiten wird durch die fördernde Wirkung auf die Darmtätigkeit obendrein erleichtert.

Die Wenigsten wissen aber, dass die Inhaltsstoffe in den Blättern noch wesentlich höher sind als in der Knolle. Die logische Schlussfolgerung daraus ist: nichts wegwerfen! Während wir Menschen uns die Knollen schmecken lassen, bekommt das Geflügel die Blätter und eventuell Schalen.

Die Blätter werden in der Regel frisch verfüttert, beim Einfrieren werden sie matschig, sie können allerdings auch getrocknet werden. Die Blattmasse ist aber so hoch, dass das Trocknen sehr gewissenhaft erfolgen muss, sonst sind schimmelige Stellen unvermeidbar und damit die ganzen Mühen umsonst. Vor dem Trocknen ist es auf jeden Fall sinnvoll, die Blätter klein zu schneiden. Die Knollen lassen sich wie Kartoffeln im Keller lagern.

Wer viele Rote-Bete-Knollen hat, kann sie seinem Geflügel halbieren und zum Picken anbieten. Sie werden erstaunt sein, in welch schnellem Tempo eine solche Knolle niedergemacht wird. Man kann sie natürlich auch zerkleinert ins Futter einmischen.

TOPINAMBUR

Eine ungeheuer vielfältige Pflanze ist der Topinambur. Noch vor rund 100 Jahren war er wesentlich weiter verbreitet als heute. Die Wurzelknollen hatten auch für die menschliche Ernährung Bedeutung und zu guter Letzt wurde Schnaps daraus gebrannt. Das üppige Kraut, das bis zu 2,50 m hoch wird, war Viehfutter. Erst seit rund 15 bis 20 Jahren erinnert man sich wieder der Pflanze.

Da Topinambur meistens vor der Blüte geerntet wird, wissen nur wenige, wie schön er büht.

In der Geflügelhaltung hat die Pflanze nie ihre Bedeutung verloren. Sie ist und bleibt Superfood fürs Geflügel. Die Knollen können wie Kartoffeln geerntet werden. In der Regel werden sie roh klein geschnitten oder geraspelt oder unter das Weichfutter gemischt. Die größeren Geflügelarten können auch von der ganzen Knolle picken. Topinambur kann das ganze Jahr über geerntet werden – selbst im Winter, wenn der Boden nicht gefroren ist. Durch das Verfüttern kann man auch gleich die Pflanzung begrenzen, denn Topinambur breitet sich sonst stark im Garten aus.

Die oberirdischen Teile erntet man je nach Bedarf. Ich schneide immer ein paar Stängel ab und verfüttere diese. Aus den Knollen treiben immer wieder neue nach. Die Stängel lassen sich am besten mit einem Grünzeugschneider verarbeiten. Aber selbst die ganzen Stängel bearbeitet das Geflügel gerne; die Blätter und Knollen werden gepickt und können ganz angeboten werden.

Topinambur hat viele Ballaststoffe, ungeheuer viel Kalium, dazu Magnesium, Phosphor, Kalzium, Zink und Vitamin B1. Damit schützt sie den Geflügelorganismus vor freien Radikalen und wirkt entzündungshemmend.

WIRSING

Wirsing wird, im Gegensatz zu anderem Kohl, von Geflügel auch vom Kopf gefressen. Das liegt wohl ganz entscheidend an der feineren Blattstruktur. Auch Wirsing ist, wie Rot- und Weißkohl, durch viele Ballaststoffe gekennzeichnet. Dazu kommt sehr viel Vitamin C – mehr als in einer Zitrone! Folsäure als Vitamin der B-Familie ist ebenfalls recht umfangreich enthalten. Gerade die Folsäure ist für die Zellerneuerung immens wichtig. Alleine schon deshalb sollte Wirsing immer wieder als Superfood eingesetzt werden.

ZWIEBEL

Das hohe Ansehen, das Zwiebeln in der menschlichen Ernährung haben, gilt auch fürs Geflügel. Ganz besonders wertvoll sind die roten Zwiebeln. Mit etwas Gewöhnung frisst das Federvieh die Zwiebeln pur. Normalerweise werden sie aber zerkleinert und untergemischt.

Die Inhaltsstoffe wirken gegen Pilze, Viren und Bakterien und die ätherischen Öle helfen die Atemwege frei zu halten. Zwiebeln sind billig und lassen sich leicht lagern – am besten trocken und dunkel. Je öfter man sie verfüttert, desto besser.

Zwiebelsaft bei Verschleimung der Atemwege

Unsere Kinder erhalten, wenn sie husten, Zwiebelsaft. Dieser bildet sich, wenn klein gehackte Zwiebeln mit Kandiszucker angesetzt werden und ziehen. Diesen Saft gebe ich auch dem Geflügel. Er wird unters Körnerfutter gemischt und mit Bierhefe abgebunden.

Möhren-„Suppe“

- 1 kg Möhren
- 2 l Wasser
- 2 EL Jodsalz

Die Möhren raspeln und mit den weiteren Zutaten rund 2 Stunden ganz langsam köcheln lassen. Anschließend die Möhrenraspeln abseihen und diese dem Geflügel zum Fressen anbieten – gerne auch unters Krümelfutter gemischt. Das Möhrenwasser, also die „Suppe“, im Kühlschrank aufbewahren. 200 ml davon auf 1 l Wasser drei Tage hintereinander als alleiniges Trinkwasser geben.

Die Möhren-„Suppe“ hilft bei Darmstörungen, Durchfall und ist in meinen Augen die ideale Unterstützung für eine ausgeglichene Darmflora. (Ich habe die „Suppe“ übrigens an mir selbst ausprobiert und bin völlig überzeugt.)

Je nach Möhren bzw. der Anbauart, kann die Möhrensuppe eine unterschiedliche Färbung haben.

Zu einem echten Klassiker hat sich Rote-Bete-Gemüsemix entwickelt.

Rote-Bete-Gemüsemix

- 5 Rote Bete
- 1 Knolle Sellerie
- 5 Zwiebeln
- 1 ganze Knoblauchknolle
- Obstessig nach Bedarf

Das Gemüse wird klein geschnitten und dann im Tischkutter, Mixer oder Muser mit Obstessig püriert. Gerade hier merkt man den Vorteil, den ein leistungsstarker Kutter oder Muser bietet; ein normaler Mixer kann hier an seine Grenzen stoßen. Man sollte so viel Obstessig dazugeben, dass ein feiner Brei entsteht. Der Obstessig konserviert den Mix, sodass er in Gläsern abgefüllt über mehrere Monate haltbar ist. Wer auf Nummer sicher gehen will, vakuumiert ihn in den Gläsern. Kühl und dunkel gelagert, können so dem Geflügel ganzjährig Vitamine und Mineralstoffe auf höchstem Niveau gegeben werden. Der Rote-Bete-Gemüsemix kann auch durch andere Gemüsesorten ergänzt werden. Nutzen Sie hier das saisonale Angebot. So bietet sich Fenchel zum Beispiel ideal an. Auch das Selleriegrün kann selbstverständlich mit püriert werden.

Am besten mischt man den Gemüsemix unters Futter.

Selbstgemachte Vitaminlösung

- Apfel- oder Birnenkernhäuser und -schalen
- Comfreyblüten und -stängel
- 1 l Wasser
- 1 TL Zucker

Füllen Sie die Apfel- oder Birnenkernhäuser und -schalen in ein Glas, sodass es halbvoll ist. Der Rest wird mit kleingeschnittenen Comfreyblüten und -stängeln lose aufgefüllt. Danach wird eine Wasser-Zucker-Lösung eingefüllt. Vermischen Sie dazu einen Liter handwarmes Wasser mit einem TL Zucker. Verschließen Sie das Glas mit einem Leinentuch und stellen es zwei bis drei Tage zum Gären an einen sonnigen Ort (Fensterbank). Ist die Gärung abgeschlossen, seihen sie die Flüssigkeit ab und lassen sie noch einen Tag stehen. Danach füllen Sie sie in dunkle Flaschen und lagern sie an einem dunklen Ort – gerne auch im Kühlschrank.

Ein Esslöffel dieser selbstgemachten Vitaminlösung wird auf einen Liter Trinkwasser gegeben.

Wasser-Zucker-Lösung zugeben, stehen lassen, fertig.

Holundersaft, gekocht aus reifen Holunderbeeren, ist ideal zur Stärkung des Immunsystems.

Vitalitäts-Tonikum

> 1 kg Rote Zwiebeln
> 2 Knollen Knoblauch
> 1,5 l Wasser
> 1,5 kg Brauner Kandiszucker
> 100 g Alaunpulver
> 30ml Jodum
> 0,5 l Holundersaft

Die Zwiebeln und die Knoblauchknollen zerkleinern und mit 1,5 l Wasser fünf Minuten kochen lassen. Danach alles leicht abkühlen lassen und abseihen. Dann den Kandiszucker und das Alaunpulver dazugeben. Dieses Gemisch zirka 60 Minuten köcheln lassen und anschließend abkühlen. Hat die Flüssigkeit 30° Celsius, wird das Jodum und der Holundersaft zugemischt. Danach in dunkle Flaschen abfüllen und im Kühlschrank lagern. Verabreicht wird dieses Tonikum im Verhältnis mit etwa ein bis zwei EL auf ein Kilogramm Körnerfutter.

GETREIDE, SAMEN UND NÜSSE

Getreide gilt landläufig als Geflügelfutter schlechthin. Aber Getreide ist nicht gleich Getreide.

Hier gibt es zahlreiche Unterschiede: sei es in der Kornform, der Korngröße, der Farbe und natürlich in den Inhaltsstoffen. Gerade die beiden ersten Parameter, also Form und Größe, können für einzelne Geflügelarten einschränkend sein. Ist es in seinem Urzustand unpassend, muss man das Getreide verarbeiten: mahlen, grützen oder quetschen.

Während die üblichen Körnerarten wie Weizen, Gerste und Mais am besten im Fachhandel oder beim Landwirt direkt gekauft werden, muss man die Spezialitäten meistens selbst sammeln oder anbauen.

Frisch sollte man Bucheckern nicht verfüttern, da sie leicht giftig sind.

ACKERBOHNE

Ackerbohnen besitzen einen hohen Anteil an Eiweiß und Vitaminen. Sie werden häufig auch als Saubohnen bezeichnet – aber nicht nur für die Sau, auch fürs Geflügel kommen diese Hülsenfrüchte in Betracht, wenngleich man auf die neueren vicinarmen Sorten zurückgreifen sollte. Vicin beeinträchtigt die Legeleistung. Überhaupt sollte man genau wissen, welche Ackerbohnen man verfüttert und die Inhaltsstoffe genau unter die Lupe nehmen. Unter den zahlreichen Sorten gibt es zum Teil erhebliche Schwankungen. Der Landhandel kann hier wertvolle Hilfe bei der Auswahl der richtigen Sorte geben.

BUCHECKER

Die dreikantige Frucht der Rotbuche ist leicht giftig. Das hängt mit der enthaltenen Oxal- und Blausäure sowie Fagin zusammen. Dennoch wird immer wieder von Hühnern berichtet, die Bucheckern ohne Benachteiligung gefressen haben. Um auf Nummer sicher zu gehen, werden die Bucheckern mit heißem Wasser überbrüht und darin liegen gelassen, bis das Wasser abgekühlt ist. Danach sind sie auf jeden Fall ungiftig.

Bucheckern enthalten nicht nur Mineralstoffe, Eisen und Zink, sie sind auch äußerst fetthaltig. Daher haben sie einen immens hohen Nährwert – schon alleine deshalb sollte man sie nur in geringen Mengen verfüttern. Bei kleinerem Geflügel sollte man die Bucheckern etwas klein schneiden.

EICHEL

Eicheln, also die Früchte der Eiche, enthalten viele Bitterstoffe. Fürs Geflügel ist das aber nicht von Bedeutung, da es diesbezüglich kaum Geschmacksknospen hat.

Sie sind reich an Kohlenhydraten, Fett und Vitaminen aus der B-Gruppe. Deshalb kann man sie getrost und mit gutem Gewissen verfüttern. Etwas problematisch kann das Öffnen der Eicheln sein. Es ist sinnvoll, sie in einer Küchenmaschine zu zerkleinern. Ein vollständiges Trennen von der Schale ist nicht notwendig, das Geflügel pickt sich die Früchte heraus.

ERBSE

Im Hinblick auf die Eiweißwerte, Aminosäuren, Vitamine und Ballaststoffe sind Erbsen ein sehr hochwertiges Futter fürs Geflügel. Als Leguminosen bekommen sie gerade als Eiweißlieferant wieder größere Bedeutung. Während man Tauben Erbsen als ganze Körner füttert, bekommt sie das übrige Geflügel geschrotet. In der landwirtschaftlichen Legehennenfütterung wurde schon mit Erbsenschrot-Rationen von bis zu einem Drittel der Gesamtration experimentiert. Für die Hobbyhaltung sollte man diese Variante nicht ausreizen. In den Inhaltsstoffen variieren Erbsen nämlich zum Teil ganz erheblich.

Eicheln werden vom Geflügel gerne gefressen.

Erbsen wirken auf die Leber

Kontrollieren Sie bei Tauben immer die Farbe des Brustfleisches, indem Sie das Gefieder dort etwas zur Seite streifen. Hat es einen bläulichen Schein, ist der Erbsenanteil im Futter zu hoch und die Leber zu stark belastet. Dieser Kontrolle lässt sich beim anderen Geflügel leider nicht durchführen – daher Erbsen in Maßen füttern.

GERSTE

Gerste ist ein sehr hochwertiges Futtergetreide. Schon in früheren Zeiten war der Spruch bekannt: „Gerste ist das Brot der Taube". Dies gilt uneingeschränkt auch für die anderen Geflügelarten. Besonders erwähnenswert ist der hohe Ballaststoffgehalt der Gerste, der für eine gute Darmtätigkeit sorgt. Das hängt damit zusammen, dass der Mehlkörper von einer ziemlich harten Schale, den Spelzen, umgeben ist.

Man unterscheidet zwischen Winter- und Sommergerste. Die Wintergerste hat einen höheren Eiweißgehalt, weshalb sie landläufig auch als „Futtergerste" bekannt ist. Sommergerste ist vom Korn her etwas bauchiger und hat einen niedrigeren Eiweißgehalt. Sie nennt man auch „Braugerste" (vom Bierbrauen). Da sie außerdem kürzere Grannen als die Wintergerste hat, hat man sie früher besonders häufig für die Geflügelfütterung genutzt. Durch Zucht ist heute aber auch die Wintergerste in den Grannen kürzer.

Wird die Gerste gemahlen, ist der Aspekt der Grannen zu vernachlässigen; werden ganze Körner gefüttert, sollte man darauf achten. Die Grannen können nämlich in einem kleineren Schlund, beispielsweise von Zwerghühnern und Tauben, winzige Verletzungen hervorrufen. Darüber hinaus werden ganze Körner vom Geflügel sowieso nicht gerne aufgenommen. Das hängt mit der Kornform und dem hohen Spelzenanteil zusammen. Daher besser schroten.

HAFER

Pferde und Hafer gehören zusammen – in der Geflügelfütterung setzt sich Hafer nur langsam durch. Man muss auch sagen, dass das Geflügel keine Purzelbäume vor Begeisterung schlägt, wenn Hafer auf dem Speiseplan steht. Wie Gerste auch, besitzt Hafer einen sehr hohen Spelzenanteil und lange, schmale Körner – das passt einfach nicht so recht mit dem „Beuteschema" des Geflügels zusammen. Dennoch ist Hafer ein wertvolles Futtergetreide. Von den Inhaltsstoffen her ist vor allem der hohe Eiweißgehalt zu nennen – Hafer ist eine Powerquelle. Dazu kommen viele Vitamine und Mineralstoffe. Besonders hervorheben muss man auch seine Bedeutung für die Verdauung und das Darmklima (aus der menschlichen Ernährung kennen wir die Vorteile, die sogenannter Haferschleim mit sich bringt). Übrigens lässt sich Haferschleim auch problemlos ans Geflügel verfüttern. Gerade Hühner sind völlig verrückt danach.

Man kann das Getreide dem Geflügel etwas schmackhafter machen. Eine Variante ist das Keimen (Seite 22); dadurch wird die Schale weicher und das Korn quillt auf, sodass es lieber gefressen wird. Gemahlen kann es im Mischfutter „untergemogelt" werden. Will man Hafer gequetscht verfüttern, muss man darauf achten, dass der Quetschhafer immer frisch hergestellt wird. Sonst wird er schnell

Neben dem häufigen gelben Hafer gibt es auch schwarze Sorten.

ranzig, was dem hohen Fettanteil im Korn geschuldet ist.

Hafer gibt es in zwei Sorten: die bekannte gelbe und eine seit Neuerem in Mode gekommene schwarze Sorte. Von den Inhaltsstoffen her sind beide identisch. Geschälter Hafer wird im Handel angeboten und gerne gefressen. Er ist aber wesentlich teurer als der normale, ungeschälte Hafer und die wertvollen Inhaltsstoffe der Spelzen stehen nicht mehr zur Verfügung.

Da Hafer im Vergleich zu anderen Getreidearten wesentlich weniger züchterisch bearbeitet wurde, schwankt die Qualität der angebotenen Ware zum Teil erheblich. Die Qualitätsbestimmung erfolgt bei ihm nach Korngröße und -gewicht. Das Litergewicht (also das Gewicht von 1 l Körner) ist noch heute ein gültiges Qualitätskriterium: Je höher das Litergewicht des Hafers, desto besser die Qualität und umso höher der Preis. Unter 400 g ist es mit der Qualität nicht weit her. 450 bis 500 g sind die Regel; und springt das Litergewicht über 500 g, hat man wirklich sehr gute Qualität.

Wer seinem Geflügel etwas Gutes tun will, sollte auf Hafer in der Fütterung auf keinen Fall verzichten. Wie beim Menschen gilt auch beim Geflügel: „Hunger ist der beste Koch!“

Haferflocken für die Kleinen

Küken kann man in den ersten Lebenstagen Haferflocken einmischen. Sie sind für Küken besonders leicht verdaulich. Aber auch Alttiere – egal welcher Geflügelart – sind völlig heiß auf Haferflocken. Da sie eher als besonderer Leckerbissen ab und zu gedacht sind, greift man der Einfachheit halber am besten auf Haferflocken aus der Tüte zurück.

HIRSE

Wer Hirse als Futtermittel hört, denkt wohl an erster Stelle an den Wellensittich – auch ein Vogel, also liegt die Fütterungsempfehlung fürs Geflügel nahe. Hirse ist ein super Getreide: Hohe Eiweiß- und Kohlenhydratwerte, dazu ein hoher Eisengehalt sowie viele Vitamine und Mineralstoffe machen es ideal. Hinzu kommt eine leichte Verdaulichkeit und Bekömmlichkeit, was wiederum den Magen-Darm-Trakt der Tiere entlastet. Besonders hervorzuheben ist der hohe Anteil an Silizium. Dieses unterstützt in besonderem Maße die Gefiederbildung, sodass Hirse vor allem auch während der Mauser gefüttert werden sollte.

In früheren Zeiten wurde Hirse ausnahmslos aus dem Ausland importiert. Seit ein paar Jahren wird sie auch in Deutschland angebaut, so-

Hirsekolben sind nicht nur hochwertig, sondern schaffen auch Beschäftigung.

dass man sie – wenn auch in geringem Umfang – zum heimischen Getreide zählen kann.

Neben der Fütterung von gedroschener Hirse können auch Hirsekolben angeboten werden. Das hat den Vorteil, dass die Tiere beschäftigt sind und sich einen Teil ihres Futters erarbeiten müssen. Eine besondere Variante ist halbreife Kolbenhirse. Sie hat einen noch höheren Wert an Inhaltsstoffen und ist für Küken beziehungsweise während der Aufzucht von Taubenküken ein tolles Futter. Halbreife Hirse wird im Fachhandel angeboten und kann durch Einfrieren haltbar gemacht werden.

Hirsekolben keimen

Keimen Sie doch einmal ganze Hirsekolben und bieten Sie dies Ihrem Geflügel an. Sie werden sehen, mit welcher Akribie selbst großes Geflügel jedes einzelne Hirsekorn herausarbeitet.

LEINSAMEN

Genauso wertvoll wie Leinöl ist auch der Leinsamen – das ist der Samen des Flachses. In den letzten Jahren hat der Flachsanbau in Deutschland wieder zugenommen, sodass man auch Leinsamen aus heimischer Ernte bekommt.

Leinsamen haben ein ungeheuer großes Quellvolumen und bilden beim Quellen viel Schleim. Dieser Schleim hat einen äußerst positiven Einfluss auf den Darm. Er lagert sich auf der Darmschleimhaut ab und bildet einen Schutzfilm. Durch die Quellfähigkeit wird im Darm Wasser gebunden. Wenn man Leinsamen füttert, muss also immer darauf geachtet werden, dass ausreichend Trinkwasser zur Verfügung steht. Denn in der Regel verfüttert man Leinsamen nicht vorgequollen.

Während beim Menschen Leinsamen geschrotet werden sollte, ist das beim Geflügel nicht nötig. Im Muskelmagen wird der Samen aufgebrochen, sodass er sein volles Schleimvermögen entfalten kann.

Von den Inhaltsstoffen her hat Leinsamen in etwa die gleiche Zusammensetzung wie Leinöl (Seite 107). Besonders wichtig sind auch hier die Omega-3-Fettsäuren.

Es ist schade, dass Leinsamen in der Geflügelfütterung einen so geringen Stellenwert hat. Eventuell liegt das auch daran, weil die Samen einfach sehr klein sind und man daher mehr Masse braucht. Bleibt zu hoffen, dass man durch den steigenden Flachsanbau in Deutschland bald auch leichter an größere Mengen Leinsamen kommen wird.

LUPINE

Lupinen kann man wirklich als Geheimtipp bezeichnen. An ihnen wird deutlich, dass man in früheren Zeiten absolut wusste, was man tat. Bis in die Dreißigerjahre des vergangenen Jahrhunderts waren Lupinen die pflanzlichen Eiweißträger, ehe sie durch Soja – seit mehreren Jahren nun hauptsächlich genmanipuliert – verdrängt wurden. Lupinen werden heute wieder in Deutschland angebaut, sodass sie wirklich zu den heimischen Hülsenfrüchten gezählt werden dürfen. Verfüttert werden die Samen der Blauen Süßlupine, der man die ursprünglich stark vorhandenen Bitterstoffe „weggezüchtet" hat. Dabei können entweder ganze Körner oder auch Lupinenschrot verfüttert werden.

Lupinen sind wieder im Kommen und sind ein heimischer pflanzlicher Eiweisträger.

Lupinen haben fast einen so hohen Eiweißgehalt wie Sojabohnen (Seite 99), dazu wenig Fett, hohe Werte an Aminosäuren und Ballaststoffen. Man kann nur hoffen, dass die Lupinen in der Geflügelfütterung wieder den Stellenwert bekommen, den sie einmal hatten.

MAIS

Als wertvoller Energielieferant ist Mais besonders bekannt. Sein hoher Eiweißgehalt ist hierfür verantwortlich; hier nimmt es das getrocknete Korn sogar mit Hafer auf. Frisch geernet, direkt vom Kolben gefressen, liegt der Gehalt deutlich niedriger. Hinzu kommen viele Ballaststoffe und Vitamine. Es hat also einen guten Grund, weshalb Mais in vielen Futtermischungen einen hohen Anteil hat.

Ein großes Problem hat der Mais allerdings: die Korngröße. Im Grund wird er nur bei Tauben in ganzen Körnern verfüttert, bei allem anderen Geflügel wird er entweder gebrochen oder gar gemahlen. Es gibt übrigens nicht nur den bekannten gelben Mais, sondern auch rote, schwarze und sogar gestreifte Sorten, die sich zudem auch in der Korngröße unterscheiden können.

Mais muss nicht immer gelb sein.

SOJABOHNE

Der Knackpunkt zuerst: Die Sojabohne ist in den letzten Jahren durch die zunehmende Genmanipulierung und den ungeheuren Verbrauch an Land in Schwellen- und Entwicklungsländern, von der Abholzung des Regenwaldes ganz zu schweigen, stark in Verruf gekommen. Die heute auf dem Weltmarkt angebotenen Sojabohnen sind fast ausschließlich gentechnisch verändert; nur ein verschwindend geringer Teil ist gentechnikfrei.

Ganz großes Kino fürs Geflügel

Füttern Sie Ihrem Geflügel doch einmal Popcorn als besonderen Leckerbissen. Sie werden staunen, wie Ihr Geflügel völlig erpicht darauf ist. Dass es weder gezuckert noch gesalzen sein sollte, versteht sich.

Seit ein paar Jahren werden nun auch in Deutschland Sojabohnen angebaut – aufgrund der Gesetzeslage aber ausschließlich ohne Gentechnik. Vielleicht setzen sich deutsche Sojabohnen durch, dann spricht nichts gegen eine Fütterung. Im Gegenteil: Von den Inhaltsstoffen her ist die Sojabohne wirklich erste Wahl! Sie punktet mit einem ungeheuer hohen Anteil an Eiweiß, wertvollen Fetten und Ballaststoffen. Nicht umsonst werden Sojabohnen als Eiweißträger Nummer eins in der weltweiten Tierfütterung eingesetzt. Wichtig ist, dass die Bohnen „getoastet" sind, bevor sie ans Geflügel verfüttert werden, da durch das bestimmte Röstungsverfahren die Proteine und Aminosäuren so umgewandelt wurden, dass sie auch für Lebewesen mit einhöhligem Magen verwertet werden können. Das Toasten macht eigentlich niemand zu Hause selbst, im Landhandel werden daher fast ausschließlich getoastete Sojabohnen angeboten.

SONNENBLUMENKERNE

Die Vorzüge der Sonnenblumenkerne wurden unter „Sonnenblumen" auf Seite 70 bereits dargelegt.

WALNUSS

Nüsse machen dick. Eine Meinung, die zwar aufgrund des hohen Fettgehaltes durchaus zutrifft, aber nur die Hälfte der Wahrheit ist. Denn Walnüsse haben zusätzlich einen sehr hohen Anteil an Vitamin A und weiteren Vitalstoffen. Hinzu kommen hohe Werte an wertvollen Omega-3-Fettsäuren.

Für eine Walnuss beugt man den Kopf schon gewaltig.

Walnüsse werden mit einer Entlastung des Herz-Kreislauf-Systems und einem gesunden Darmklima in Zusammenhang gebracht. Darüber hinaus wirken sie gegen Entzündungen. Schon alleine deshalb ist gegen hin und wieder kleine Mengen an Walnüssen in der Futterration nichts einzuwenden. Der hohe Kaloriengehalt sollte aber immer im Auge behalten werden, um die Tiere nicht verfetten zu lassen.

Werden die Walnüsse unters Futter gemischt, sollte man sie aus der Schale herauslösen. Stellen sie gezielte Leckerbissen dar, kann man die Nuss aufbrechen und einfach hinlegen. Das schützt vor Langeweile, da das Geflügel die wertvollen Nussteile herauspicken muss. Nach dem Öffnen der Nuss muss man jedoch immer erst kontrollieren, dass sich kein Schimmel im Inneren gebildet hat.

Walnussblätter-Sud gegen Augenentzündungen

4 TL getrocknete oder zerkleinerte frische Walnussblätter mit ¼ l Wasser aufkochen und 5 Minuten köcheln lassen, dann den abgekühlten Sud mit einem Tuch auf entzündete Augen auftragen. Die Anwendung sollte man drei- bis fünfmal täglich wiederholen, bis sich die Beschwerden gebessert haben.

WEIZEN

Weizen ist eine sehr verbreitete Getreideart und deshalb das Geflügelfutter Nummer eins. Das hat seine guten Gründe: Weizen wird eigentlich von sämtlichem Geflügel problemlos gefressen. Auch von den Inhaltsstoffen her lässt er sich sehen: Neben einem hohen Anteil an Kohlenhydraten, muss man vor allem den hohen Gehalt an B-Vitaminen hervorheben.

Während bei uns Menschen eine Weizenunverträglichkeit bekannt ist, kennt man dieses Phänomen glücklicherweise beim Geflügel nicht. Es spricht also nichts dagegen, Weizen in hohem Anteil in der Fütterung zu verwenden.

Leckerschmecker

Als besonderer Leckerbissen kann Weizen mit etwas Öl befeuchtet und anschließend mit Bierhefe, Futterkalk oder auch getrockneten Kräutern gebunden werden. Wird das immer im gleichen Gefäß angeboten, ist das Geflügel schon nach kurzer Zeit darauf fixiert.

MINERALIEN

Sie werden bei der Geflügelfütterung gerne etwas vernachlässigt, aber gerade im Bereich der Mineralien kann man seinen Tieren mit einfachen Mitteln Gesundheitsvorsorge bieten.

In den üblichen Fertigfuttermischungen ist meistens lediglich Futterkalk beigemischt – das ist mit Sicherheit besser als gar nichts. Man kann und sollte aber weitere Mineralienquellen anbieten.

Futterkalk kann Geflügel problemlos auch allein aufnehmen.

ERDE

Von Papageien weiß man, dass sie Erde gezielt aufnehmen. Erde hat die Fähigkeit, Giftstoffe zu binden. Diese Fähigkeit kann man auch für unser Geflügel nutzen. Am besten sammelt man Erde aus frisch aufgeworfenen Maulwurfshügeln und bietet sie den Tieren an. Eine Alternative sind frisch ausgestochene Grassoden, aber auch an frisch ausgezupftem Grün hatten an den Wurzeln Erdreste, die von den Tieren gierig aufgenommen werden. Mischfutter kann auch ganz gezielt etwas fein gekrümelte Erde beigemischt werden. Hierfür eignet sich besonders auch fein gemahlene Heilerde aus dem Handel.

GRIT

Unter Grit versteht man eigentlich gestoßene Muschelschalen. Diese sind fürs Geflügel unverzichtbar. Sie helfen im Muskelmagen, die eingeweichten Körner zu zerreiben. Selbstverständlich wird Grit im Fachhandel angeboten. Eine tolle Alternative ist es aber, am Strand angeschwemmte Muscheln zu sammeln und sie dann selbst zu zerkleinern. An den Muscheln haften meistens noch Sandreste, dadurch haben sie einen höheren Salzgehalt. Wer diesen selbst hergestellten Grit schon einmal verfüttert hat, wird schnell feststellen, wie gierig er vom Geflügel gefressen wird.

Jederzeit Grit

Grit muss Geflügel ständig zur Verfügung gestellt werden. Damit er kein Wasser zieht, sollte man das Gritgefäß auf jeden Fall an einen trockenen Platz stellen.

KNOCHEN

Der hohe Kalziumgehalt von Knochen ist bekannt. Da Geflügel nichts von Knochen abpicken kann, müssen diese mithilfe von Knochenpresse oder -mühle zerkleinert werden. Auf jeden Fall ist darauf zu achten, dass nach der Bearbeitung keine allzu spitzen Stellen übrig bleiben. Am idealsten ist natürlich Knochenmehl. Gerade in der Aufzucht ist es ungemein wertvoll, da die Inhaltsstoffe von den Küken optimal verwertet werden können. Selbstverständlich dürfen frisches Knochenmehl und zerstoßene Knochen nur so verfüttert werden, dass sie innerhalb kürzester Zeit gefressen werden. Bei gekochten Knochen ist das nicht nötig, am besten mischt man das Knochenmehl oder den Knochenschrot unters übrige Futter.

Mineralien in vielfältigster Form werden im Auslauf täglich aufgenommen.

SAND

Geflügel nimmt beim Freigang immer wieder kleine Steinchen auf. Diese werden zum Zerkleinern im Magen gebraucht. Der Handel bietet hierzu auch spezielle Magensteinchen an. Den gleichen Effekt erreicht man mit Sand. Während Flusssand aus reinen Steinchen in unterschiedlicher Größe besteht, ist bei Grabsand noch ein geringer Erdanteil dabei. Am besten schaut man bei einem Baustoffhändler die unterschiedlichen Sandarten an. Dem Grabsand ist wenn möglich der Vorzug zu geben.

Wenn man die Möglichkeit hat, kann man im Auslauf einen kleinen Sandhaufen anlegen. Das ist wie ein Selbstbedienungsladen fürs Geflügel: Hier fressen sie Sand und nehmen gleichzeitig ihr Staubbad. Im Stall sollte man ihnen aber eine kleine Schale mit Sand zusätzlich anbieten.

AUS DER KÜCHE

So bitte nicht: durch den hohen Wassergehalt kann es leicht sauer werden.

Hier muss jeder für sich eine Entscheidung treffen. Manche Geflügelhalter füttern Essensreste, andere lehnen es ab. Hier gilt wie so oft im Leben: alles in Maßen!

Man könnte sagen, dass Lebensmittel aus der Küche nicht als Superfood für Hühner und Co. geeignet sind. Schließlich sind sie für den menschlichen Verzehr bestimmt. Spätestens wenn man einmal einen Blick in eine Biotonne wirft, stellt man jedoch schnell fest, dass es jede Menge Reste und Abschnitte aus der Küche gibt, die fürs Geflügel selbstverständlich in Betracht kommen. Anders herum gesagt: Es wäre schade, wenn sie nutzlos auf dem Müll landen würden. In früheren Zeiten war es völlig normal, dass man alles, was in der Küche an Schalen, Abschnitten, Essensresten usw. anfiel, in den Hühnerhof geworfen oder den Schweinen gegeben hat. Schimmelige, faulige und verdorbene Lebensmittel dürfen selbstverständlich nicht verfüttert werden.

BROT

Brotreste fallen in fast jedem Haushalt an. Sie sollte man vollständig trocknen, und zwar müssen die Stücke so ausgelegt werden, dass sie auf keinen Fall aufeinanderliegen. Sonst können sie leicht schimmeln.

Da Brot größtenteils aus Getreide hergestellt wird, hat es einen sehr hohen Nährwert. Dennoch sollte es immer nur ein Beifutter sein oder in geringen Mengen angeboten werden. Eine reine Brotfütterung ist auf jeden Fall abzulehnen.

Das getrocknete Brot wird entweder gerieben und dann unters Futter gemischt. Ganze Brotscheiben oder Brötchen sollte man einweichen und dann ins Krümelfutter mischen. So wird auch gleich ausreichend Flüssigkeit zugeführt. Aber: Wenn viel eingeweichtes Brot verfüttert wird, nehmen die Tiere große Mengen an Flüssigkeit auf, die dann wiederum zu Durchfall führen könnten. Gerade bei Tieren mit flaumreichem Aftergefieder hat das Nachteile. Bei warmen Temperaturen besteht außerdem die Gefahr, dass eingeweichtes Brot sauer wird. Also Brot nur in Maßen!

Übrigens, eine besondere Vorliebe scheint Geflügel für Laugengebäck und Vollkornbackwaren mit ganzem Körneranteil zu haben.

Brot in Sauermilch

Geringe Brotmengen kann man auch über Nacht in Sauermilch oder verdünntem Joghurt einlegen. Damit werden die Vorteile von Brot und Milchprodukten (Seite 107) genutzt.

Reste aus der Küche sollten immer gleich vollständig aufgefressen werden.

ESSENSRESTE

An Essensresten scheiden sich die Geister. Gerade in neuen Publikationen werden sie geradezu verteufelt. Wenn die dort gemachten Ausführungen stimmen würden, hätte das Geflügel, ach was, die Haus- und Nutztiere in früheren Zeiten mit Sicherheit nicht überlebt. Sie haben überlebt, ja sogar zumeist gut gelebt, und ihre „Aufgaben“ erfüllt: Die Hühner haben Eier gelegt, der Hund hat den Hof und die Tiere bewacht, das Schwein Fleisch angesetzt usw. Es steht außer Frage, dass wohl nie-

Nudeln stehen ganz oben auf der Beliebtheitsskala.

mand auf den Gedanken kommen würde, sein Geflügel ausschließlich mit Essensresten zu füttern. Es spricht aber beim besten Willen nichts dagegen, Essensreste unters Futter zu mischen oder geringe Mengen den Tieren allein anzubieten. Auch wenn das Essen gewürzt ist, schadet es den Tieren in dieser Dosis nicht. Wenn man möchte, kann man ja mit Wasser verdünnen. Spätestens, wenn man einmal erlebt hat, wie gierig und mit welcher Begeisterung sich das Geflügel über die Reste aus der Küche hermacht, versteht man, dass die Routinen unserer Vorfahren so falsch nicht gewesen sein konnten. Haben die Tiere die Wahl, gehen sie immer zu den Essensresten. Die Reste eines gebratenen Hähnchens werden so sauber abgepickt, dass nur noch das Gerippe übrig bleibt; um den letzten Klecks gekochten Sauerkrautes bricht ein laut gackernder Streit aus ... In diesem Zusammenhang sei mir die These erlaubt, dass Hühner, Gänse und Co. erkennen, was für sie gesund ist.

LEINÖL

Leinöl hat von allen Pflanzenölen den höchsten Anteil an Omega-3-Fettsäuren. Diese sind vor allem für einen ausgewogenen Blutfettspiegel verantwortlich und sorgen bei chronischen Entzündungen für einen schwächeren Verlauf – vor allem im Magen-Darm-Bereich. Außerdem wird ihm eine Stärkung des Kreislauf-, Immun- und Nervensystems nachgesagt.

Im Gegensatz zu anderen Ölen ist Leinöl licht- und wärmeempfindlicher und wird schneller ranzig – dann ist es nicht mehr zu verfüttern. Aus diesem Grund sollte man Leinöl immer im Kühlschrank und damit kühl und dunkel lagern. Neben dem deutlich höheren Preis im Vergleich zu anderen Ölen ist das der Hauptgrund, weshalb man es nicht für Ölauszüge (Seite 51) verwendet.

Bei der Verfütterung ist darauf zu achten, dass zum Beispiel das mit dem Öl benetzte Körnerfutter möglichst schnell gefressen wird.

MILCHPRODUKTE

Frischmilch, Joghurt, Dickmilch, Quark, Kefir, Käse usw. sind mit das Beste, was Sie Ihrem Geflügel als Superfood anbieten können. Hohe Eiweiß- und Kalziumgehalte stehen ganz oben in der Wertigkeit. Verarbeitete Milch in Form von Joghurt, Kefir usw. können bedenkenlos unters Futter gemischt werden. Milchprodukte sollte man immer so verfüttern, dass sie innerhalb kurzer Zeit aufgenommen werden. Sonst können sie schlecht werden und den Tieren schaden.

Abgelaufene Milchprodukte sind fürs Geflügel bedenkenlos zu verwenden, sofern sich kein Schimmel gebildet hat. Das Mindesthaltbarkeitsdatum bedeutet nämlich nicht, dass das Produkt schlecht ist. Der Hersteller übernimmt lediglich bis zu diesem Datum die Gewähr für Geschmack und Aussehen.

Für Milchprodukte verschmiert man sich gerne den Schnabel ... und noch mehr.

Gestandene Milch, also saure Milch, wie sie früher in jedem bäuerlichen Haushalt zu finden war, ist als „Bibeleskäs", also Küken-Käse in vielen Regionen unter unterschiedlicher Namensgebung bekannt. Er war früher für die Kükenaufzucht unverzichtbar. Besonders gerne wurde dafür Ziegenmilch verwendet, da sie fettreicher als Kuhmilch ist.

Am besten regelmäßig

Gerade Joghurt und Kefir sind für ihre gute Wirkung auf die Magen-Darm-Region bekannt. Einmal monatlich sollte man sie seinen Tieren zum Fressen geben: entweder als Leckerbissen in einer separaten Schale oder rund 200 ml mit ½ l Wasser vermischt zum Trinken.

MILCHZUCKER

Viele kennen den Milchzucker wahrscheinlich unter dem Begriff Laktose und denken in diesem Zusammenhang gleich an eine Laktoseunverträglichkeit. Dabei hat Milchzucker einen hohen Wert, wenn es darum geht, den Darm vor der Ansiedelung von Fäulnisbakterien zu schützen. Darüber hinaus ist er ein äußerst mildes, natürliches Abführmittel.

Obwohl in Milchprodukten natürlich enthalten, kann man Milchzucker auch in Pulverform kaufen. Entweder man mischt ihn ins Krümelfutter oder löst ihn im Trinkwasser auf. Ich persönlich habe gute Erfahrungen damit gemacht, wenn ich einmal wöchentlich 1 gut gehäuften TL in 1 l Wasser gegeben habe.

OBSTESSIG

Früher war Obstessig als Mostessig etwas abschätzig verrufen. Gerade in Gegenden mit Obstbau wurde er überall angewendet, eben weil er da war. Sein besonderer Geschmack hat ihn eigentlich völlig aus der Küche verdrängt – auch wenn man ihn heute in jedem Supermarkt findet. Am meisten verwendet wird noch der Apfelessig.

Obstessig kann mit einer riesigen Menge an Inhaltsstoffen aufwarten. Viele Vitamine, Mineralstoffe und Spurenelemente sind in ihm zu finden. Deshalb verwundert es nicht, dass er eines der wichtigsten Superfoods ist. Denn so ganz nebenbei, möchte man sagen, unterstützt er ein ausgeglichenes Darmklima und die Entgiftung des Körpers. Nicht umsonst hat er auch in der menschlichen Ernährung einen so hohen Stellenwert, dass Obstessig-Kuren geradezu als Gesundbrunnen angesehen werden.

Fürs Geflügel sollte man sich diese Wirkungen unbedingt zunutze machen. Dem Trinkwasser kann deshalb eigentlich ständig ein Schuss Obstessig zugegeben werden. Die zusätzliche Säuerung des Trinkwassers hat den positiven Nebeneffekt, dass sich nicht so schnell

Bakterien im Wasser bilden. Sogar dem Krümelfutter kann man etwas beimengen.

Wenn möglich, sollte man Obstessig aus naturtrübem Apfelsaft mit Hilfe einer Essigmutter selbst herstellen. Gerade in diesem Essig finden sich dann besonders viele Inhaltsstoffe.

OLIVENÖL

Hochwertiges Olivenöl ist sowohl für den Menschen als auch fürs Geflügel äußerst wertvoll. Die besondere Zusammensetzung und das Verhältnis der unterschiedlichen Fettsäuren macht es für die Verfütterung sehr gut geeignet.

Es sorgt im Organismus für einen niedrigen Cholesterinspiegel und schützt dadurch die Gefäße sowie vor allen daraus resultierenden Folgeerkrankungen. Die Vorteile, die die mediterrane Küche hat – wohlgemerkt die der Fünfzigerjahre, als sie noch nicht von Fastfood und Co. durchsetzt war –, sollte man auch seinen Tieren bieten. Aber aufgepasst: Auf dem Markt gibt es sehr viel Olivenöl, das in seiner Zusammensetzung minderwertig und gepanscht ist. Bei der Auswahl sollte man deshalb auf besonders hohe Qualität setzen. Unter Umständen kann man Freunde bitten, die ihre Wurzeln in südlichen Ländern haben, Olivenöl von Erzeugern „des Vertrauens" mitzubringen – gerade diese Variante nutzen immer mehr Menschen, um hochwertiges und reines Olivenöl zu bekommen, das man dann mit gutem Gewissen Mensch und Tier gibt.

WEITERE ÖLE

Fette sind für den tierischen Organismus unverzichtbar. Während in früheren Jahren gesättigte Fettsäuren geradezu verteufelt wurden, hat man jetzt erkannt, dass sowohl gesättigte als auch ungesättigte wichtig sind. Dem Futter etwas Öl beizumengen, ist deshalb eine gute Idee. Darüber hinaus ist Öl wohl am besten dazu geeignet, Kalk, Bierhefe, zerriebene Kräuter usw. an Körner zu binden und somit ein Krümelfutter herzustellen. Von den Inhaltsstoffen sind Sonnenblumen-, Raps- und Distelöl fast identisch. Hier können die persönlichen Vorlieben zum Zug kommen. Da der Preis für diese Öle recht günstig ist, kann man auch abwechseln. Wie alle Öle sollten auch sie an einem dunklen und kühlen Ort gelagert werden.

Lakritze-Essig

- 1,5 l Obstessig
- ca. 100 g Lakritze

Der Obstessig und die zerkleinerte Lakritze werden in eine Flasche gegeben, verschlossen und geschüttelt. Lassen Sie die Flasche zwei Tage an einem sonnengeschützten Ort stehen und schütteln Sie sie immer wieder. Die Konservierung erledigt der Obstessig.

Geben Sie 1 EL Lakritze-Essig und 2 g Zitronensäure auf 2 l Trinkwasser. Dieses Trinkwasser erhält das Geflügel über fünf Tage hintereinander.

Der hohe Zuckergehalt dient als Leistungsunterstützer, der Obstessig als „Sanierer der Darmflora", außerdem wird dem Lakritze-Essig eine Wirkung gegen Kokzidien und sogar Trichomonaden nachgesagt.

Lakritze-Essig sollte vor dem Gebrauch gesiebt werden.

Die Zutaten werden in ein verschließbares Glas gegeben und dann mit Apfelessig übergossen.

Scharfes Tonikum zur Stärkung

- ½ Tasse fein gehackter Knoblauch
- ½ Tasse fein gehackte Zwiebel
- ½ Tasse geriebener Ingwer
- 4 frische Chilischoten (so scharf wie möglich)
- 4 EL geriebener Meerrettich
- 4 EL Kurkuma-Pulver
- 1,5 l Apfelessig

Alle Zutaten in ein verschließbares Gefäß füllen, Deckel schließen und gut schütteln. An einem kühlen Platz (aber nicht im Kühlschrank) zwei Wochen durchziehen lassen, dabei mindestens einmal täglich schütteln. Anschließend absieben und die festen Bestandteile gut ausdrücken. Die abgesiebten Gemüse- und Gewürzbestandteile kann man selbstverständlich ins Futter mischen. Das Tonikum lässt sich wunderbar aufbewahren – durch den enthaltenen Apfelessig auch ohne Kühlung.

Als Dosierungsempfehlung gilt 1½ EL Tonikum auf 1 kg Futter. Da das Tonikum nicht überdosiert werden kann, kann man es seinem Geflügel ruhig jeden zweiten Tag geben.

Das Tonikum ist ein richtiger Tausendsassa: Es stärkt das Immunsystem und die Magen-Darm-Flora, wirkt entzündungshemmend, reinigt die Schleimhäute und fördert die Durchblutung.

BESONDERHEITEN

Bierhefe, Holzkohle, abgestorbenes Holz fürs Geflügel? Jawohl! Wichtige Inhaltsstoffe fördern die Gesundheit der Tiere.

Manches Superfood lässt sich nicht so richtig zuordnen. Dennoch ist es so hochwertig, dass ich es auf jeden Fall erwähnen möchte. Engagierte Geflügelliebhaber sollten nicht darauf verzichten.

BIERHEFE

Bierhefe in kleinen Gebinden wird in jedem Reformhaus angeboten, für die Tierhaltung gibt es aber auch 25-kg-Säcke im Landhandel. Sie ist ein sehr hochwertiger Eiweißlieferant und hat einen hohen Methioningehalt. Diese essenzielle Aminosäure unterstützt nachhaltig die Gefiederbildung, sodass Bierhefe ganz besonders in der Mauser gefüttert werden sollte.

Da Bierhefe immer als Pulver erhältlich ist, kann es eigentlich nur in Krümel- und Feuchtfutter angeboten werden. Ins normale Mehlfutter gemischt, bleibt es im Trog übrig, da die „staubige“ Konsistenz von den Tieren im Grund nicht aufgenommen werden kann.

Bierhefe sollte man immer in Maßen verfüttern.

Nicht zu viel Bierhefe

Allzu üppig sollte der Anteil am Gesamtfutter nicht sein, da das manchem Geflügel etwas auf den Darm schlägt und es zu weicherem Kot kommt. Hier sollte man also aufmerksam beobachten und die Dosis anpassen. Pro Kilogramm Futter kann in etwa 1 EL Bierhefe als Maßstab gelten.

EICHENRINDE

Eichenrindentee ist ein Superfood, das Geflügelzüchter schon ewig anwenden. Eichenrinde wird ausschließlich als Tee verabreicht! Gerade nach Schnupfen ist es eines der hilfreichsten Mittel, um die Schleimhäute zum Abheilen zu bringen. Die üppige Konzentration der Gerbstoffe ist dafür verantwortlich.

HOLZKOHLE

Kohle hilft zur Stabilisierung der Darmflora und schützt vor Durchfall. Jeder Geflügelhalter mischt nach Möglichkeit Holzkohlenasche in das Staubbad. Beim Staubbaden fällt auf, dass die Hühner gezielt nach kleinsten verkohlten Holzstückchen – Holzkohle eben – suchen.

Geflügel, das nicht staubbadet wie Tauben und Wassergeflügel sollte man ruhig ganz geringe Mengen Holzkohle ins Futter mischen oder auch verkohlte Holzstückchen in den Auslauf oder Stall legen. Es sollten aber wirklich Holzkohlereste sein und keine Holzkohlebriketts.

KARTOFFELEIWEIß

Lange Zeit mehr oder weniger unbekannt, hat sich Kartoffeleiweiß mittlerweile zur Eiweißquelle Nummer eins gemausert, wenn man auf importierte Sojabohnen (mit den unerwünschten Begleiterscheinungen, Seite 99) verzichten will. Es besitzt sogar mehr Eiweiß und hochwertige Aminosäuren als Soja und Bierhefe.

Die restliche Holzkohle vom Grillen in den Auslauf gelegt reichen meistens schon aus. Sie verfällt und die Tiere nehmen sie auf.

Wie bei der Bierhefe auch macht die Mehlstruktur des Kartoffeleiweißes eine Beimischung ins Trockenfutter nicht möglich. Wer aber regelmäßig Krümel- und Feuchtfutter herstellt, für den ist Kartoffeleiweiß eine gute Wahl. Es ist im Landhandel erhältlich.

KOLOSTRUM (BIESTMILCH)

Kolostrum bezeichnet man auch als Biestmilch. Das ist das Vormilchsekret, das Säugetiere in den ersten 24 bis 72 Stunden nach der Geburt bilden. Es hat die Aufgabe, das noch nicht voll ausgebildete Immunsystem der Nachkommen zu stärken und vollends auszubilden.

Die Biestmilch ist äußerst reich an Fetten, Kohlenhydraten, Eiweißen, hat viele Vitamine, Mineral- und Vitalstoffe, Enzyme und Immunglobuline. Das alles macht sie äußerst wertvoll und stärkt auch beim Geflügel die Abwehrkräfte. In der Regel wird man das Kolostrum von Kühen verfüttern, Ziegen-Kolostrum eignet sich natürlich auch.

In der Farbe variiert das Kolostrum zum Teil ganz erheblich. Meistens ist es eher gelbstichig und im Vergleich zu normaler Milch dickflüssiger. Ich habe aber auch schon Biestmilch gesehen, die einen deutlichen Grünstich zeigte oder fast satt ockerfarben war. Selbst Blutspuren waren darin zu finden. Mein Geflügel hat sie dennoch mit Hingabe aufgenommen. Ich hatte sogar den Eindruck, als würde ihnen diese „außergewöhnliche" Biestmilch besonders gut schmecken.

Biestmilch bekommen Sie von einem Landwirt Ihres Vertrauens. Meist gibt er sie gerne ab, da auf dem Hof selten die gesamte Menge verbraucht wird.

Biestmilch auf Vorrat

Füllen Sie Biestmilch in Eiswürfelbeutel ab und frieren Sie sie ein. Dann können Sie sie je nach Bedarf portionsweise auftauen. Das Auftauen sollte im Kühlschrank stattfinden, damit keine Flüssigkeit verloren geht.

SCHWEDENKRÄUTER (SCHWEDENBITTER)

Die Schwedenkräutermischung wurde nach dem schwedischen Arzt Dr. Samst benannt. Es handelt sich um eine Kräuteressenz, die durch einen Alkoholauszug entsteht. In der Naturheilkunde soll sie beim Menschen bereits wahre Wunder bewirkt haben. Die Kräuterauswahl, die typischerweise hinein gehört, kann man in fertiger Mischung samt Anleitung zum Ansetzen des Auszugs kaufen oder aber sich in der Apotheke mischen lassen.

Für Geflügel gibt man von der fertigen Essenz zwischen 15 und 20 Tropfen auf 1 l Wasser. Man sagt,

Liegt Totholz im Auslauf, wird es so nebenbei aufgenommen.

dass die Schwedenkräuter-Essenz (übrigens auch Schwedenbitter genannt) bei der Mauser und bei Darmbeschwerden hilft und auch sonst das Wohlbefinden des Federviehs deutlich steigert. Ich gebe meinem gesamten Geflügel ständig Schwedenkräuter-Essenz ins Wasser und bin sehr zufrieden damit.

TOTHOLZ

Hühner und Puten picken bevorzugt an verwittertem und sich zersetzendem Holz. Auch bei Tauben und Wassergeflügel wurde das beobachtet. Und das hat gute Gründe: Wenn sich Holz zersetzt, wird unter anderem Vitamin D gebildet. Dieses ist ungemein wichtig für den Aufbau und die Stärke von Knochen- und Hornteilen. Auf dem Holz finden sich außerdem Pilze, Kleinstlebewesen usw. Das Geflügel scheint zu wissen, was gut für es ist und frisst dies dann gezielt.

Totholz-Selbstbedienung

Legen Sie ein Holzstück in den Auslauf und lassen Sie es im Lauf der Zeit verwittern. Ihr Geflügel bedient sich, wenn es die Inhaltsstoffe braucht.

Service

BEZUGSADRESSEN

GETREIDEMÜHLEN, KNOCHENPRESSEN, GRÜNZEUGSCHNEIDER

Siepmann GmbH
Wittener Landstraße 19
58313 Herdecke
www.siepmann.net

Breker Hobby-Tierbedarf
Kneblinghauser Weg 20
59602 Rüthen
www.breker.de

VAKUUMIERGERÄTE, TISCHKUTTER

Landig + Lava GmbH & Co. KG
Valentinstraße 35-1
88348 Bad Saulgau-Lampertsweiler
www.landig.com | www.la-va.com

DÖRRAPPARATE

A. & J. Stöckli AG
Ennetbachstraße 40 | CH-8754 Netstal
Niederlassung Deutschland:
Turmstraße 11 | 78467 Konstanz
www.stockliproducts.com | www.stockli.de

ZUM WEITERLESEN

Bauer, Wilhelm: **Tauben.** Verlag Eugen Ulmer, Stuttgart 2013.

Beiser, Rudi: **Kräuterglück: Genussvoll gärtnern mit Küchen- und Wildkräutern.** Verlag Eugen Ulmer, Stuttgart 2015.

Bergmann, Heide und Armbruster, Ulrike: **Wildkräuter aus Topf und Garten.** Verlag Eugen Ulmer, Stuttgart 2018.

Bühring, Ursel: **Alles über Heilpflanzen.** Verlag Eugen Ulmer, Stuttgart 2020.

Busch, Marlies: **Pflanzen für Heimtiere. Gut oder giftig?** Verlag Eugen Ulmer, Stuttgart 2014.

Jodas, Silvia und Woernle, Hellmut: **Geflügel gesund erhalten.** Verlag Eugen Ulmer, Stuttgart 2020.

Keogh, Michelle: **Einfach dörren & trocknen.** Verlag Eugen Ulmer, Stuttgart 2016.

Krause, Antje und Bauer, Wilhelm: **Warum Hühner scharren, nicken & picken.** Verlag Eugen Ulmer, Stuttgart 2021.

Müller, Erich (Hrsg.): **Alles über Rassetauben. Band 1 – Entwicklung, Haltung, Pflege, Vererbung und Zucht.** Verlagshaus Reutlingen Oertel + Spörer, Reutlingen 2000.

Peitz, Beate und Leopold/Bauer, Wilhelm: **Hühner in meinem Garten.** Verlag Eugen Ulmer, Stuttgart 2019.

Peitz, Beate und Leopold: **Hühner halten.** Verlag Eugen Ulmer, Stuttgart 2021.

Schneider, Karl-Heinz: **Gänsezucht und Gänsehaltung.** Verlagshaus Reutlingen Oertel + Spörer, Reutlingen 2010.

GEFLÜGEL IST VIELFÄLTIG

Unter Geflügel versteht man viel mehr als einfach nur Hühner. Puten, Perlhühner, Gänse, Enten, Tauben und Wachteln sind auf jeden Fall dazu zu zählen. Hinzu kommt noch das Ziergeflügel, das sich wiederum in Wasserziergeflügel, Ziertauben und hühnerartiges Ziergeflügel unterteilt, wozu vor allem Fasane zählen.

Aber selbst diese Einteilung ist nur sehr begrenzt aussagekräftig, da sich viele Arten herausgebildet haben beziehungsweise Rassen herausgezüchtet wurden. Spätestens wenn man einmal etwas tiefer in die Materie des Geflügels eingetaucht ist, merkt man sehr schnell, dass sich da pauschal kaum eine Aussage treffen lässt, was Größe, Aussehen, Platzbedarf usw. betrifft.

PUTEN

Puten sind die Größten auf dem Geflügelhof, und zwar nicht nur aufgrund der Höhe, sondern auch im Hinblick auf das Gewicht. Da sie den ganzen Tag auf Achse sind, suchen sie sich viel Futter selbst. Wer Puten halten will, braucht großzügige Ausläufe, die idealerweise unterschiedlich strukturiert sind. Will man Puten schlachten, wird man feststellen, dass so eine natürlich gehaltene „Hauspute" so gar nichts mit dem industriellen Einerlei zu tun hat.

PERLHÜHNER

Zugegeben: Ihr Aussehen ist etwas gewöhnungsbedürftig. Dazu machen sie mit ihrem lauten Ruf eigentlich den ganzen Tag auf sich aufmerksam. Man bezeichnet sie nicht umsonst als Wächter auf dem Geflügelhof. Aufgrund ihrer Nähe zum Wildtier werden Perlhühnern nur sehr schwer zahm und zutraulich. Von der Größe her sind sie einem Haushuhn ähnlich.

GÄNSE

Sie zählen zum Wassergeflügel, doch halten sie sich schwerpunktmäßig auf dem Land auf. Gänse fressen Gras in großen Mengen und nehmen es da mit Schafen spielend auf. Innerhalb der Gänserassen gibt es in der Größe zum Teil gravierende Unterschiede. Sie stammen alle von der Graugans ab – mit Ausnahme der Höckergans, die von der Schwanengans abstammt. Sie haben aber auch eine andere Stimme und ein etwas anderes Verhalten.
Gänse werden sehr zutraulich und können ein äußerst stattliches Alter erreichen.

ENTEN

Im Aussehen und der Größe unterscheiden sich die vielen Entenrassen grundsätzlich. Aber egal für welche Rasse man sich entscheidet: Man braucht eine Wasserfläche. Dabei ist nicht allein die Größe entscheidend, sondern vielmehr die Wasserqualität. Bis auf die Warzenente, die auch als Flugente bekannt ist, stammen alle Entenrassen von der Stockente ab. Der Urahn der Warzenente ist die aus Südamerika stammende Moschusente. Warzenenten schnattern nicht, sodass man sie hin und wieder als Stummente bezeichnet.

HÜHNER UND ZWERGHÜHNER

Vom absoluten Gleichgewicht mit kaum 500 Gramm bis hin zum fast sechs Kilogramm schweren Koloss: Unter den Zwerghühnern und den „großen" Hühnerrassen findet man wirklich alles. Dazu unterscheiden sie sich in der Form, im Charakter und vor allem auch in der Federzeichnung zum Teil ganz gravierend. Damit ist wirklich für jeden Platzbedarf und für jeden Liebhaber die passende Rasse dabei. Übrigens, legen alle Hühner und Zwerghühner Eier. Wie viel, hängt nicht zuletzt davon ab, ob sie brüten oder nicht. Die heute sehr häufigen Hybridhühner sind in der Leistung den Rassehühnern zwar überlegen, doch sollte man bedenken, dass sie immer wieder aufs Neue von Konzernen erzüchtet werden müssen, während Rassehühner sich in der Rasse fortpflanzen können.

TAUBEN

Mehr als 350 Taubenrassen sind derzeit in Deutschland bekannt. Sie sehen teilweise völlig anders aus, als man sich das vorstellt. Manche Rassen werden von Außenstehenden dabei auf den ersten Blick kaum als Taube erkannt.

Während die einen richtige Himmelsstürmer sind, fliegen die anderen nicht mehr. Sie müssen dann in Volieren gehalten werden. Dazu gibt es Rassen, die besondere Flugformen zeigen. Sie haben also allesamt relativ wenig mit den wenig beliebten Stadttauben gemeinsam, wenngleich sie alle von der Felsentaube abstammen.

WACHTELN

Wachteln sind die kleinsten Hühnervögel und sind eigentlich Wildvögel. Lediglich die Japanische Legewachtel hat sich zum Haustier entwickelt.

In der Legeleistung nehmen sie es leicht mit den Legehybriden der Hühner auf. Im Lauf der Zeit hat sich auch eine schwerere Variante, die so genannte Mastwachtel etabliert. Aufgrund der geringen Größe brauchen sie nur wenig Platz und sind auch sonst recht anspruchslos. Sie werden heute in mehreren Farbvarianten gezüchtet.

ZIERGEFLÜGEL

War sogenanntes Ziergeflügel in früheren Zeiten nur in Zoologischen Gärten und Menagieren des Adels zu finden, ist die Haltung heute fast ausschließlich in Privathänden. Ihnen ist es manchmal zu verdanken, dass sie noch nicht ausgestorben sind. Unter Ziergeflügel versteht man Arten, die auch in freier Wildbahn so vorkommen. Schon allein deshalb sollte man bei ihrer Haltung darauf achten, dass man die Volieren und Gehege so naturnah wie möglich gestaltet.
Die meisten Arten sind aufgrund ihrer besonderen Färbung außergewöhnliche Schönheiten. Für manche sind die Haltungsanforderungen sehr hoch, andere wiederum lassen sich wie „normale" Hühner, Gänse, Enten, Tauben oder Wachteln halten und ernähren. Die im Buch gemachten Hinweise können deshalb auch auf sie übertragen werden.

NÜTZLICHE ADRESSEN ZUR RASSENFINDUNG

Die passende Rasse oder Art zu finden, um mit seinem Geflügel glücklich zu werden, ist nicht so einfach. Ganz besonders wichtig ist in diesem Zusammenhang, einen kompetenten Ansprechpartner zu finden. In den Verbänden und Vereinen findet man diese. Weiß man bereits, was man will, sind die Homepages ideale Helfer zu Züchtern.

Bund Deutscher Rassegeflügelzüchter e. V. (BDRG)
Dorfplatz 2
01920 Haselbachtal OT Reichenbach
www.bdrg.de

Verband der Hühner-, Groß- und Wassergeflügelzüchtervereine zur Erhaltung der Arten- und Rassenvielfalt e.V. (VHGW) im BDRG
Hintergasse 23
99998 Weinbergen
www.vhgw.de

Verband der Zwerghuhnzüchter-Vereine e. V. (VZV) im BDRG
Im Grund 27
59174 Kamen
www.vzv.de

Verband Deutscher Rassetaubenzüchter e. V. (VDT) im BDRG
Petkusser Str. 48
12307 Berlin
www.vdt-online.de

Verband zur Arterhaltung von Zier-/ Wildgeflügel e. V. (VZI) im BDRG
Mozartstr. 15
46354 Südlohn
www.vzi.de

Gesellschaft zur Erhaltung alter und gefährdeter Haustierrassen e. V. (GEH)
Walburger Str. 2
37213 Witzenhausen
www.g-e-h.de

Kleintiere Schweiz
Industriestraße 9
CH-3362 Niederönz (SCHWEIZ)
www.kleintiere-schweiz.ch

ProSpecieRara Schweiz
Unter Brüglingen 6
CH-4052 Basel (SCHWEIZ)
www.prospecierara.ch

Rassezuchtverband Österreichischer Kleintierzüchter
Unterlochnerstraße 17 b
A-5230 Mattighofen (ÖSTERREICH)
www.kleintierzucht-roek.at

Arche Austria
Oberwindau 67
A-6363 Westendorf (ÖSTERREICH)
www.arche-austria.at

BILDQUELLEN

Alle Fotos stammen vom Autor, außer:
Titelfoto: Tierfotografie Maren Leuker
S. 2 und 6: Adobe Stock/Linda Parton
S. 19, 116/117: Tierfotografie Maren Leuker
S. 37, 50 und 123 rechts: Regina Kuhn
S. 57: TCTCP/Shutterstock.com
S. 61: R. Maximiliane/Shutterstock.com
S. 58, 59, 62, 63, 64, 65 oben, 67, 69, 71, 73 unten, 75
oben, 80, 83, 84, 86, 92: Dr. Eva-Maria Götz
S. 65 unten: Honey Cloverz/Shutterstock.com
S. 68: Brian Yarvin/Shutterstock.com
S. 77: Evan Lorne/Shutterstock.com
S. 78: Bildagentur Zoonar GmbH/Shutterstock.com
S. 85: rng/Shutterstock.com
S. 91: Heike Schmidt-Röger
S. 98: Carlos Neto/Shutterstock.com
S. 100: Gornostay/Shutterstock.com
S. 104: Michael Eder

REGISTER

Geflügel ist heute viel mehr als reines Nutztier. Es ist Heimtier und Spielkamerad.

IMPRESSUM

Die in diesem Buch enthaltenen Empfehlungen und Angaben sind vom Autor mit größter Sorgfalt zusammengestellt und geprüft worden. Eine Garantie für die Richtigkeit der Angaben kann aber nicht gegeben werden. Autor und Verlag übernehmen keine Haftung für Schäden und Unfälle. Bitte setzen Sie bei der Anwendung der in diesem Buch enthaltenen Empfehlungen Ihr persönliches Urteilsvermögen ein.

Der Verlag Eugen Ulmer ist nicht verantwortlich für die Inhalte der im Buch genannten Websites.

Anmerkung zur Schreibweise (Gendering): Gendergerechtigkeit und Inklusion sind bei uns gelebte Praxis – bei der Auswahl unserer Themen, bei der Recherchearbeit, in der Gestaltung. Unsere Texte meinen alle. Damit unsere Inhalte jedoch gut lesbar bleiben, verzichten wir in diesem Werk auf die jeweilige Mehrfachnennung oder Anpassung der Schreibweise bestimmter Bezeichnungen an die weibliche, männliche oder diverse Form.

Bibliografische Information der Deutschen Nationalbibliothek
Die Deutsche Nationalbibliothek verzeichnet diese Publikation in der Deutschen Nationalbibliografie; detaillierte bibliografische Daten sind im Internet über http://dnb.d-nb.de abrufbar.

Wollgrasweg 41, 70599 Stuttgart (Hohenheim)
E-Mail: info@ulmer.de
Internet: www.ulmer-verlag.de
Lektorat: Antje Krause, Kathrin Gutmann
Herstellung: Isabell Scherrieble
Umschlagentwurf: Michaela Mayländer, Stuttgart, www.sistermic.de
Satz: Susanne Junker, www.redsign.de, Stuttgart
Reproduktion: time:ray, Jettingen
Druck und Bindung: Firmengruppe APPL, aprinta Druck, Wemding
Printed in Germany

ISBN 978-3-8186-1512-3